遊戲思維
Game Thinking

像熱門遊戲的設計開發一樣
讓玩家深度參與你的產品創新

目錄

致謝

我有幸擁有一大群很棒的人，他們幫助將這些想法變為現實。

我的父親 Wesley Bilson 是一位連續創業者，他在醫療保健和可再生能源方面創造了新事業。我的母親 Barbara Bilson-Woodruff 是一位有天賦和熱情的教育家，她以沉浸式、體驗式的莎士比亞課程影響了一個世代的學生。我很自豪能夠在我的遊戲思維工作中繼承這種創新傳統，我們將教練、教育和企業家的產品開發方法結合起來。

這本書的大部分功勞都歸功於我的丈夫 Scott Kim，他創造了視覺設計和插圖，並且處理了出版流程。如果沒有 Scott 的光彩和辛勤工作，這本書就不會在你手中了。

非常感謝我們的製作團隊。Misha Gericke 為書籍編輯和排版。Jan Wright 製作索引。Naida Jazmín Ochoa 繪製了散落在整本書中的迷人漫畫。Manny Aguiler 繪製了最簡可行產品畫布和社交行為矩陣的 3D 圖表。

我要特別感謝 Raph Koster，他是我的長期合作夥伴和朋友，他寫下了美麗的推薦序。Raph 擁有許多創造性的天賦，而他最先愛上的是寫作，也在此表現了出來。

我非常感謝那些幫助我將這些廣泛的想法塑造成一個經過嚴格考驗的設計框架的同事、客戶和學生。謝謝你們，Ashita Achuthan、Paul Adams、Robin Allenson、Cindy Alvarez、Jeff Atwood、Irene Au、Cindy Au、Luc Bartholet、Jim Banister、Tomer Ben-kiki、Buster Benson、Candis Best、Sair Buckle、Tim Chang、Jaxton Cheah、Dan Cook、Dennis Crowley、Nadya Direkova、Josh Elman、Blair Ethington、Laura Foley、Janice Fraser、Tracy Fullerton、Richard Garriott、Curtis Gilbert、Jeff Gothelf、Tom Gooden、Erika Hall、Steve Hoffman、Erin Hoffman-John、Chelsea Howe、Jason Hreha、Charles Hudson、Samuel Hulick、Tom Illmensee、Katherine Isbister、Mimi Ito、Naresh Jain、Vinayak Joglekar、Karl Kapp、Kevin Kelly、Donna Kelley、Laura Klein、Ranan Lachman、Felipe Lara、Matt Leacock、Ofer Leidner、Jeremy Liew、Kenneth Lim、Starr Long、Greg LoPiccolo、Megan Mahdavi、Wanda Meloni、Cara Meverden、David Mullich、David Murray、Dan Olsen、Myrian Mahdavi、Wanda Meloni、Cara Meverden、David Mullich、David Murray、Dan Olsen、Myrian Pauillac、Jeff Patton、Steve Portigal、Sandie Richards、Eric Ries、Tracy Rosenthal-Newsom、Alex Rigopulos、Lisa Rutherford、Jesse Schell、Mike Sellers、Hiten Shah、Sarah Sheway、Michael Spiegelman、Jared Spool、Tony Stubblebine、Jeff Tseng、Steve Vassallo、Margaret Wallace、Casey Winters、Christina Wodtke、Will Wright、Robin Yang 及 Eric Zimmerman。因為有你們這本書才得以完成。

FREE ⬇ BONUS

從本書的配套網站獲得免費的最
簡可行產品（MVP）畫布
gamethinkingbook.io
你將在第 1 章中使用這個表格
來幫助你完成電梯簡報，
並驗證你的最高風險
假設。

推薦序

文 / Raph Koster

遊戲設計師、《遊戲設計的有趣理論》作者

製作東西很難，我們都知道。

一開始，你不確定要做什麼，然後你開始製作它、相信它是對的，但其實它並不是…然後你來來回回的忙碌，直到當你把它放到某個人面前的那個可怕時刻。發現他們討厭它、或是愛上它。或者更糟糕的是，他們漠不關心，處在那個令人痛苦的中間地帶，你根本沒有引發任何強烈的情緒。就在那個時刻你坐下來，然後問自己：「我當時能做些什麼不同的事嗎？」。

本書作者 Amy Jo Kim 提供了一個答案，就是這本書。確切回答了這個問題，**我當時能做些什麼不同的事嗎**？書中以簡明、清晰的語句、搭配圖表、案例及步驟來呈現。

我來自於遊戲的世界，Amy Jo 將書中的方法稱為「遊戲思維」。（我希望所有我參與的計畫，都可以用到她在書中所描述的方法！）她以遊戲思維來稱呼，因為啟發點源自於像我一樣的遊戲設計師們，思考我們的玩家以及他們所經歷旅程的方式：將它看作是一個學習的過程、經由回饋所引導，並建構出嗜好和習慣。它是一個會讓玩家產生關注的過程。

在遊戲中，我們沒辦法提供任何實用性，你知道的。我們只提供喘息、享受，以及在忙碌一天之後的休息。我們不像大多數產品一樣，我們沒有**實用**的價值。我們必須依靠真正的基礎：為何一個人會喜歡某樣東西？為何一個人會回到某件事上？為何他們會**關注**？我們做設計來引發他們的關注，引發情感的連結。

這就是遊戲思維的意義所在。首先，引導你注意使用者的真正需要，經由書中記載的訪談及工作故事等方法。它要求你去聆聽，真正的去聆聽，當使用者告訴你他們的問題，以及他們期望的解決方案。它消除了老掉牙的概括陳述和編造出來的人物誌，反而是直接與最需要解決方案的人接觸，讓這些人來教你這位設計師，如何問出正確的問題。

接著本書繼續指引你依照正確的順序、創造出解決方案，在前進的同時也驗證並確認你的商業假設。幫助你設計出一個有助於使用者成長、改變和學習的產品。

在遊戲中，我們幾乎認為這是理所當然的。因為我們知道一個從頭開始遊戲的人，有很多需要學習的東西，最終他們會跳躍、旋轉、躲藏、建造和瘋狂般的交易，玩弄裡頭各式各樣、錯綜複雜的系統。所以我們為此而設計。我們將這一趟旅程打造成產品的形式，隨著玩家達到適合的能力，新的難度和學習才會展開。這並不容易，但我們已經做了許多次，也導致大多數的時候我們甚至不會去討論它。

這可能就是為什麼每個人似乎都搞錯了我們這些遊戲設計師們所做的事情。

現在當每個人都在所有事情上灑上徽章和積分時，才說「你們都弄錯重點了！」，好像有點晚。因為遊戲設計師並不是為了設計徽章和積分系統。這也不是我們所做的重點。我們建立的是系統沒錯，但這個系統會自行去教導你。我們建立系統讓人們去做到從沒想過自己也能辦到的事，無論是駕駛賽車、在世界盃中得分，或是轟爛外星怪物等等。我們所做的事是，建立可以揭開可能性的系統。積分和徽章也只是在過程中的標記而已，從來就不是目標。

如果現今我們所使用的系統、產品和服務都能像上面所說的那樣，那不是很好嗎？關於揭開可能性？滿足需求？關於把使用者放在首要，超越平淡無奇的意識形態、超越無窮無盡的指標？關於讓人們達成從沒想過能做到的事？關於擴展什麼事是可能的？

這不僅僅是關於你這位設計師可以做的不同而已，這也是關於你的顧客、你的使用者、你的客戶，可以做到不一樣。它是關於創造出真正的價值，而不是用寄生般的手法來獲得收益。

最後，當我們製作遊戲時，我們正在努力為世界帶來更多的歡樂。這是一個巨大的使命，無法只由我們這些遊戲設計師來達成。它應該是每個設計的重要組成。這就是遊戲思維的真正含意，也是 Amy Jo 在本書所寫的：這種方法可以創造出玩家的核心滿意度，就像是一個玩家感受到、並轉向他的伴侶說：「哇！那真是**太棒了。**」這樣的一種時刻。

因此，這些方法都在本書裡了。讓你可以做得不同，做出真正的不同凡響。

.

前言

傑出產品背後的開發團隊有什麼共通之處嗎？
我們可以怎樣來向他們學習？

今年，又有許多創新的產品和服務即將問世，但卻只有少數會獲得長期的成功，大多數將在獲得機會之前就失敗了。

這是為什麼？而傑出產品背後的開發團隊又有什麼共通之處？ 我們是否可以跟隨他們的腳步，參考他們的成功經驗、可靠地來增加我們自己成功的機會呢？

我的回答是：是。

讓我帶你回到一個美麗的 9 月天，地點在美國加州的半月灣。

那天我在客廳裡坐著，聽著一位才華洋溢的執行長向我述說他的構想。他的公司是一間備受矚目的新創遊戲公司，他想要打造出一個社群遊戲，讓沒有音樂天賦的玩家，也可以藉由玩弄塑膠樂器感覺自己像是真正在一個樂團裡表演一樣。我加入了他的團隊，他的瘋狂想法後來成為全球熱銷的搖滾樂團（Rock Band）遊戲，這個遊戲也界定出一種嶄新的遊戲型態。.

後來我和 Will Wright 一起開發模擬市民（*The Sims*），他是一位有遠見的遊戲設計師，他會利用一些特別的方法來啟發創造力。模擬市民這個計畫差一點就在發行的前幾週被取消，但後來仍成為有史以來最暢銷的電腦遊戲之一。

在那之後幾年，我替時尚穿搭（*Covet Fashion*）工作，那是一款創新的手機遊戲，將現實世界中的流行服飾融入遊戲當中。我們做出的內容和一開始的想法不太一樣，而且我們不太確定這樣做行不行得通。

時尚穿搭後來成為一款歷久不衰的遊戲，讓數百萬的玩家能夠從服飾收藏庫中創造出驚人的服裝搭配，甚至在現實中購買了那些服飾。

從遊戲中學到的一課

熱門遊戲要如何抓住人們的注意力，並讓他們持續投入？
讓玩家全心投入這個體驗的關鍵又在哪裡呢？

我曾經投入過許多熱門遊戲的開發，這些遊戲也吸引了上百萬名的玩家，但沒有單一遊戲可以吸引住全部的人。從風格上來説，人們追求各種不同的刺激。像我喜愛的是搖滾樂團和時尚穿搭，我兒子則偏好讓腎上腺素激升的射擊遊戲，而我最好的朋友則對糖果外型的解謎遊戲著迷不已。

一個人喜愛的遊戲，也可能是他人最害怕的夢魘。

經由設計產生心流

成功的遊戲都有一些共通之處：經由技能培養（*skill-building*）來引發人們內在的喜悦。當我們的大腦專注投入、技能得到提升，並在邁向專精的路上得到進展時，我們會感受得到美好。遊戲、運動和教育，特別擅長制定這條道路，但其實每個產品的領導者都可以學會利用這些技能培養和挑戰的潛在力量。

結構性的活動，像遊戲、運動、辦公室工作、募款等，都離不開發展並運用一項技能。**如果挑戰的難度增加到與你的技能相匹配，那麼你就進入了心流的狀態**，心流是每個遊戲和產品設計者想要引發的最終目標。

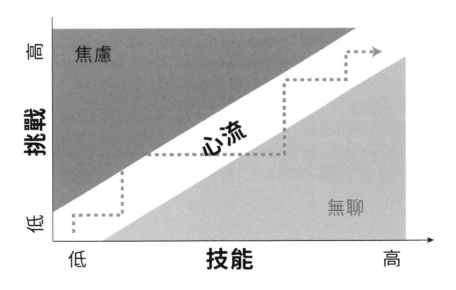

心流不是為了讓事情變容易，或是被遊戲化。要產生心流需要付出努力。**沒有學習、實踐和挑戰，就不會有心流的產生**。在遊戲的核心中，遊戲是一個令人愉快的學習引擎，提供深刻且引發內在動機的體驗。隨著遊玩，你會吸收規則、培養自己的技能，來迎接更大的挑戰，在這個過程中，你會以某種對你而言具有意義的方式來進行轉變。

忘掉積分，思考角色蛻變

就像角色蛻變是傑出戲劇的骨幹，**自我的蛻變（personal transformation）也是遊戲體驗的關鍵**。在遊戲中，我們是主角，透過遊戲中的角色去面對一系列的選擇和挑戰，也隨著遊戲的進展，邁向專精的旅程。

自我的蛻變，吸引我們不斷的投入

如果把學習、專精的過程比喻為蛋糕，積分、徽章、等級、排行榜及名譽系統等進展的指標，就有如蛋糕上的糖霜。這些指標會幫助你了解自己的進展、前進了多遠，但如果沒有值得專精的事物在其中，這些指標就變得毫無意義了。如果你想要建立一個引人注目的產品體驗，請忘掉積分吧，想想角色的蛻變。

將內在樂趣和外在鷹架融為一體

遊戲是根據系統和規則建立起來的，這些系統和規則吸引你投入微觀世界，它是一個「魔力圈」（magic circle），由每個玩遊戲的人共享。在魔力圈中，原本普通的活動具有了特殊的意義，例如：將球投進籃網內就代表得分。

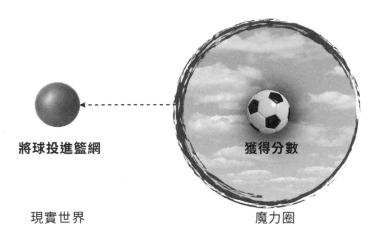

將球投進籃網　　　　　　　　　　獲得分數

現實世界　　　　　　　　　　　　　魔力圈

精心打造的遊戲是內在樂趣和外在鷹架（extrinsic scaffolding）的巧妙結合。它們邀請你從日常生活中休息一下，並花些時間（也許和家人朋友一起）在一個替代的、簡化的現實裡。令人感到愉悅的活動是支撐這個微觀世界的基礎脈動，而表示進展的支撐鷹架（積分、等級、徽章、能量升級等）則用來支持、放大這些核心活動。

三個核心的內在動機

要創造一個富有吸引力的經驗，請把握 3 個核心的內在動機：自主、專精和目的。這個框架源自於 1970 年代的**自我決定論（self-determination theory）**，後來被丹尼爾·品克（Daniel H. Pink）重新詮釋並寫成《動機，單純的力量》一書，點出在職場上的工作動機。

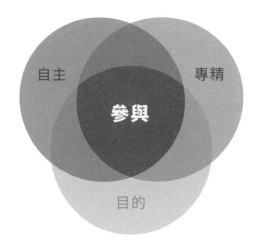

為了避免短期參與的陷阱，當你為你的體驗設計回饋和獎勵時，請使用這 3 個普遍存在的驅動力作為起點。我們會在本書的「第三部分：設計」時討論它。

在本書中我會引用這些內在動機，你可以在書中找到這個三位一體的符號做為識別。

自主：自我決定與有意義的選擇

自主（Autonomy）是可以控制自己命運的感覺。在遊戲、軟體或服務裡，這可以歸結為如何以及何時提供選擇。偉大的遊戲在有趣的限制下，提供有意義的選擇。想想看卡坦島、魔獸世界、當個創世神，甚至是群眾募資網站 Kickstarter，所有這些系統都可以根據你的興趣來進行探索和掌握，並做出一系列越來越有意思的選擇。

專精：技能培養、回饋和挑戰

專精（Mastery）就是讓人們感受到自己的表現愈來愈好。遊戲在一個有限制、需遵守規則的環境當中，為玩家提供了一系列的行動和選擇。在偉大的遊戲中，完整的掌握規則會令人感到非常愉快。缺乏值得專精的事物，往往是導致淺薄的遊戲化失敗的原因。積分、徽章和排行榜是沒有什麼吸引力的，除非能讓使用者感受到對自己而言有意義的進展。

目的：與自身以外的人事物連結

目的（Purpose）是關於自我相關性（connectedness）及歸屬感（relatedness），與其他人、與共同的原因、與超出自身以外的人事物連結。許多研究顯示，培養出有意義的關係的人們，擁有較高的幸福感。目的通常透過講故事來傳達，而你知道嗎？**最強大的故事發生在你客戶的大腦中**，一個關於如何與你的產品互動的個人敘事，會將他們轉變成一個更強大、更有技巧、更緊密連結的自我。

遊戲設計 ≠ 客戶忠誠

研究內在動機將有助於你設計引人入勝的體驗，並且避免遊戲化的一些常見陷阱，如：積分、徽章和級別等進度指標。這些指標很容易看到，並吸引人去使用，但它不是魔法的來源。

擁有行銷背景的人看待遊戲時，會看到一系列外部激勵因素和獎勵計劃，並將這些計劃運用到其他地方。這是可以理解的，因為積分、等級、地位和獎勵是忠誠方案（loyalty programs）的基本單位，就像行銷人員手冊中的釘書針一樣。

雖然忠誠方案表面上與遊戲相似，但從內在動機的角度來看，它們有很大的不同。**試圖透過外在獎勵來驅動長期參與是愚蠢的行為。**如果衡量標準和獎勵是你的主要核心，那麼你就會得到一種淺薄的和／或操縱性的產品，而這種產品無法長期吸引住人們的興趣。更糟糕的是，你可能會在不知情的情況下削弱他們的創造力和熱情。

外在獎勵可能擠出活動原有的愉悅感

丹尼爾‧品克在他關於職場動機的一書中，以一句話總結了 30 年來的研究：**外在獎勵可以有效地幫助人們完成簡單的短期任務，但對需要跳出框架思考、關乎創造力的任務來說，則反而會造成負面的效果。**

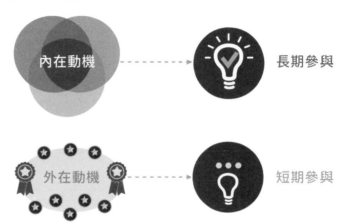

大量的研究顯示，外在獎勵會貶低原本愉快的任務，如閱讀或繪畫。例如，在一項研究中，喜歡閱讀的孩子在完成章節時可以獲得積分和金錢獎勵。猜猜看，後來發生了什麼事？孩子們完全停止了為了樂趣的閱讀行為。意想不到的副作用可能是殘酷的，因為外在獎勵消除內在動機的情形，比你想像得更容易發生。

從遊戲設計到產品設計

遊戲思維背後的原理孕育了搖滾樂團、模擬市民和時尚穿搭等熱門遊戲的成功。但是如果你正在打造一個產品，別擔心。這些相同的原則也孕育出 Slack（團隊溝通平台）、Kickstarter（群眾募資網站）和 Happify（提供有關快樂的科學資訊網站）這些產品和服務。

遊戲思維將遊戲裡的技能培養能力（skill-building power），傳授給產品的領導者。在幫助搖滾樂團、模擬市民和時尚穿搭等創新又轟動的遊戲誕生後，我現在與全球的企業家合作，幫助他們使用遊戲思維進行更快速、更有智慧的創新。

企業家們，像是 Sunreach 的執行長 Megan Mahdavi，運用遊戲思維驗證了她在發展中國家借助年輕人才的想法。在做全職工作時，Megan 測試了她的想法，並從她的預期客戶那裡得到了一些令人沮喪的早期回饋。當更深入挖掘時，她發現一個鄰近的、對她的方案有高需求的團體，欣賞並歡迎她的商業模式。憑藉這一早期驗證，Megan 辭去原本的工作，現在經營一家成功的且高需求的軟體即服務（SAAS）諮詢公司，培訓海地和巴勒斯坦的年輕人，成為企業雲計算公司（Salesforce）的工程師。

遊戲思維還幫助了 Ofer Leidner 和 Tomer Ben-kiki，他們是連續創業者，他們出售了一家休閒遊戲公司，並準備迎接下一個挑戰。那時他們發展出了一個遊戲點子——關於快樂的科學，我們透過幾組有高需求的客戶進行測試，發現了一批超級粉絲，幫助調整我們早期的系統。Happify 現在是精神健康和福利服務的市場領導者。

然後是 Pley 的執行長 Ranan Lachman。Ranan 和他的團隊利用遊戲思維來驗證他們的想法——從他們對快速成長的玩具租賃業務，延伸到更進一步的社群服務。我們發現 Pley 的客戶需要教育性的影片內容，所以我們製作了一個最簡可行產品（MVP, minimum viable product）的線上影音社群，並避免投注資源在使用者不想要的內容上。

囊括並擴展：精實創業與設計思考

透過這些經歷，我親身了解到，**讓遊戲得以成功之處，也可以使你的產品成功。**

在本書中，我將引導你完成遊戲思維的各個步驟——你可以使用這樣的過程來驗證和發展你的產品構想。

遊戲思維囊括並擴展了現有的產品開發方法。.

產品構想　　　　　　經過驗證的
　　　　　　　　　　產品構想

如果你是**精實／敏捷（lean／agile）**方法的粉絲，那麼你就知道如何透過創建－評估－學習的循環（build-measure-learn）來改進和測試你的想法。

創建

學習　　評估

如果你熟悉**設計思考（design thinking）**，那麼你就會知道如何去同理客戶，並運用你所學到的，打造出解決方案的原型，來滿足真正的客戶需求。

遊戲思維為這些方法增添的是一個創新的框架：找到早期的核心客戶，並帶領他們在旅程中邁向專精（mastery）。

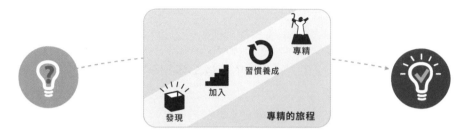

最好的產品不只是滿足需求。它們幫助人們改善他們關心的事情。

遊戲思維是一個打造產品的框架，可以讓你的客戶更強大、更有知識、感受到連結在一起。就像精實創業一樣，遊戲思維是基於驗證假設。也像設計思考一樣，我們從問題空間（未滿足的需求）開始著手，並結束於解法空間（你的產品如何滿足需求）。

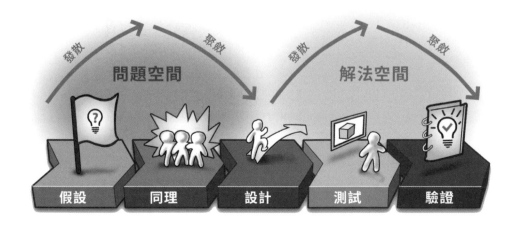

5 個步驟邁向產品 / 市場契合

本書的五個部分涵蓋了遊戲思維過程的五大步驟。

第 1 步驟：假設

透過闡明你的產品理念，並確認你的高風險假設，來進行更聰明的實驗。

第 2 步驟：同理

找到對你的產品理念充滿熱情的早期核心客戶，他們可以幫助你測試你的假設。

第 3 步驟：設計

繪製一條通往專精和學習的路徑，進而使你的客戶從初學者成為專家。

第 4 步驟：測試

運用超級粉絲帶來的洞察，為你的想法創建原型，然後執行高效學習的測試，來驗證你的假設。

第 5 步驟：驗證

根據你的測試結果，統整你學到的東西，你如何學到它，以及你接下來打算做什麼。

你會學到什麼

以下是你在本書中將會學到的 3 件事情，你可以立即把它們運用到你自己的專案中。

1. 遊戲思維在設計熱門產品時扮演什麼角色？

2. 將遊戲思維方法運用到你的產品時，它將如何幫助你建構長期參與，並提升產品成功的機會？

3. 遊戲思維的工具組（一個經過驗證的步驟化系統），如何幫助你從需要創新的工作中，獲得可靠且更佳的結果？

要達到這些目標，我們需要先回到起點，因為好的結果都是從起點開始的。

第一部分
假設

有一個好點子的最好方法是：有很多的點子。

Linus Pauling，科學家

你有一個新產品的想法，一個讓你感到興奮的想法。你如何驗證你的想法並找出成功之路？答案很簡單，但卻很矛盾：**成功來自於結合強大的願景與對真相的無盡追尋。**如果你的努力不是以願景和目的為基礎，那麼你就是在黑暗中亂槍打鳥。

但僅有願景是不夠的。要打造一個成功的產品，**你對接受市場回饋的渴望必須超越你的自我。**創造突破性產品的創新者，都會不留餘力的**透過迭代（iterative）測試來修正願景。**他們先假設可能的答案，且收集資料來改進他們的想法，並滿足他們在市場上進行驗證的渴求。

在這部分中，你將透過模仿成功案例的經驗，學習到如何進行更聰明的產品實驗，並提出可被測試的商業假設，不論你的假設是關於你的產品、客戶和市場條件。

第 1 章

闡明產品策略

要增加你的成功機率，就盡量加快創建－評估－學習
（*build-measure-learn*）這個循環的速度。

Eric Ries
《精實創業》作者

要將一個有潛力的想法變成一個成功的產品，很重要的是，從一開始就著手進行實驗，這個實驗要根基於明確、可被測試的假設。但是，你如何產生這些假設？你如何選擇該優先測試哪些假設呢？

許多企業家會開始創建他們認為可能會有趣的任何東西。有些人使用商業畫布（Business Model Canvas）或類似的東西來開始（畫布（canvas）是一張單頁的工作表，它可以幫助你一目了然的去思考你的目標，並獲得一些洞察）。雖然這可以幫助你思考整個業務，但它並不能幫助你專注在最緊迫的問題上，那就是測試和驗證你的想法，並構建出你的最簡可行產品（MVP，minimum viable product）。

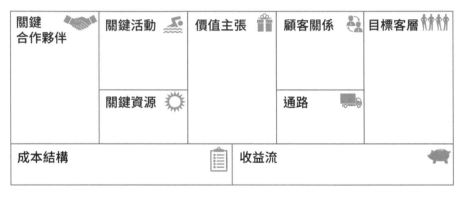

認識 MVP 畫布

為了幫助你開發出強大的、可被測試的假設、並進行更聰明的實驗，我創建了一個精簡的工具，稱為 MVP 畫布（minimum viable product canvas，最簡可行產品畫布），幫助你**將當前的想法建構成假設，並排出測試這些假設的優先順序**。如果你曾經想要過一種可靠的方式來快速驗證創意，這個工具就是為你準備的。

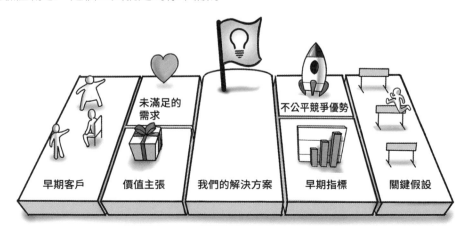

專注於早期客戶和未滿足的需求

成功的創新可能最終會接觸到主流的目標族群——但它們從來不是以這種方式開始的。這就是創新的悖論：**當你要將想法變為現實時，你首先要滿足的對象，並不是你目標市場中的「典型」族群。**

創新擴散理論與跨越鴻溝

Everett Rogers 在 1961 年時提出了創新擴散理論（*Diffusion of Innovations*），他指出了 5 種不同的創新採納者類群，他們會隨著時間的推移、參與進入創新方案。

- **創新者**：渴望嘗試看看大膽或冒險的新創意。
- **早期採用者**：需要解決一個緊迫的問題，願意承擔風險，並忍受一個混亂或不完整的解決方案來獲得核心價值。
- **早期多數人**：對解決方案感興趣，只有在看到社會證明時才願意採用。如果需要解決的問題（痛點）變得緊迫時，會願意嘗試創新方案。
- **晚期多數人**：風險規避、資源受限、等到有社會壓力時才會採納。
- **落伍者**：目光只看過去、反對新的，不認為需要採用。

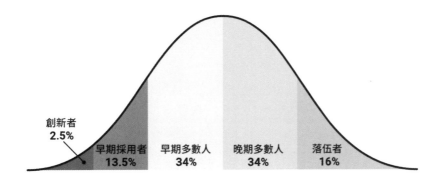

多年以後，Geoffrey Moore 在他的《*Crossing the Chasm*》一書中，對 Rogers 提出的模型進行了推廣和擴展。在這本流行的行銷書中，Moore 撰寫了一個引人入勝的故事，關於他如何將 Apple II 電腦，從原本僅受業餘愛好者關注，轉變成主流消費者的熱門話題，並透過讓創新的接納者從「早期採用者」轉變到「早期多數人」，在「跨越鴻溝」後得到主流的成功。

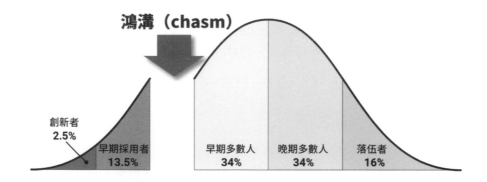

鴻溝（chasm）

創新者
2.5%

早期採用者
13.5%

早期多數人
34%

晚期多數人
34%

落伍者
16%

重點在這裡：**如果你正在創新，你需要先找到並滿足一個較小的早期市場，在你瞄準更大的市場區段之前。**當你與一小部分需要你所提供事物的對象，一起測試你的想法時，你的成功機率會變得更大，而且這些早期採用者會**願意承受成本、嘲笑和不便，來滿足他們的需求。**

尋找這些高需求、高價值的早期客戶是一個反覆的過程，你可以透過寫下明確的、可被測試的假設來加速這個過程。問問自己：**什麼樣的人群會最先需要和想要我們的產品？他們有什麼共同的特徵和行為？**

培養忠誠客戶最好的方式，是以愉快的方法來滿足他們的需求。想想你的目標客戶並問問自己：**他們現在有什麼相關的需求，是我們也許可以滿足的？他們目前是如何滿足這些需求？為什麼現在滿足需求的方式，並不這麼令人滿意？**

不要擔心它是否正確。只是記下你目前的想法。你的工作是進行有根據的猜測，並將其轉化為你可以測試的假設。

開發新產品

Happify 是一個成功的心理健康應用程式，我們藉由這個實際例子來看看，這個產品那時是如何提出和測試對早期客戶的假設。在開始時，我們有三組假設，關於誰會最需要我們的遊戲（一個由科學基礎來促進快樂的遊戲）——以及這些人未被滿足的需求可能是什麼。我們把這些放入 MVP 畫布中。

Chelsea Howe 談新手設計師的錯誤

Chelsea Howe 是一位遊戲設計師、當地遊戲社群召集人、
創意總監，並可說是到處被人看衰的紀錄保持人。

我喜歡看新手設計師製作遊戲。他們總是一口吃下
超過自己能消化的量。

新手設計師會從一個點子開始，再改變它，再又一
次改變它。他們沒有一個一致性的假設，所以他們
很容易無限制的增加功能。

對於新手設計師來說，要丟棄掉已付出的努力是很
難的。他們會覺得是種浪費，而不是有價值的學
習。期望 100% 被創造出的東西，都能包含在最終的
產品之內是過於天真的想法。你需要將失敗視為是
迭代過程的一部分。

第 1 組：艱辛的創業家（像我們自己一樣），有很多情境壓力。
未滿足的需求：方便有效的壓力管理。

第 2 組：最近被診斷出有憂鬱症的專業人士。
未滿足的需求：精神科藥物的替代品（或補充品）。

第 3 組：經歷重大生活變化的人們，例如：離婚、生孩子、空巢（empty nest）。
未滿足的需求：幫助調整到「新常態」並控制住沮喪情緒。

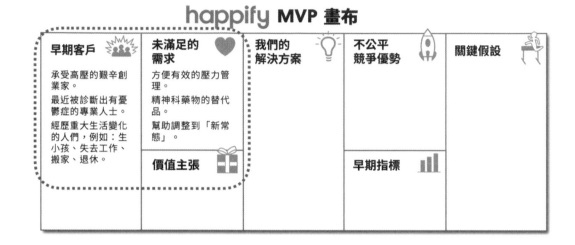

一旦我們產生了這些假設，我們接著進行早期實驗，以確定我們該關注哪些群體——以及該為他們建構什麼產品。你將會在以下的章節中了解到這些內容。

開發一個重要的新功能或產品擴充

你也可以使用 MVP 畫布來驗證現有產品的新功能。例如，我們幫助 Pley 驗證了他們對一個重要的產品擴充的想法：一個客戶的社群，在那裡愛好樂高的父母可以談論他們最喜愛的嗜好。Pley 擁有數千名現有客戶，其中許多人對他們希望添加到服務中的功能有強烈的意見。問題是：我們究竟該聆聽並關注誰的意見呢？

為了選出合適的客戶參與我們的實驗，我們考慮了哪些訂戶可能會參與線上社群，並訂出了一個標準：

參與實驗者：會上傳他們孩子樂高創作的照片和影片的訂戶。
未滿足的需求：一個地方，讓他們可以與其他 Pley 的父母聊聊他們最喜愛的嗜好。

在這種情況下，我們不需要產生多個假設，因為我們已經發現了一群讓我們感到有希望的人，可以用來測試我們的想法，只需要透過對現有列表進行資料探勘就可以找到他們。有時候，這是開始的正確途徑。以下是 MVP 畫布目前的樣子。

在接下來的幾章中，你將了解我們從 Pley 的研究中學到的東西，以及獲得的這些洞察如何導致開發方向產生大幅度的轉變（軸轉）。

將你的解決方案連結到顧客價值

包括我自己在內的許多企業家，在考慮如何解決特定對象的現有問題之前，更先關注他們自己提出來的解決方案。這裡有一個殘酷的事實：**人們不關心你的解決方案，他們關心的是找到最簡單、最方便、最有效的方式來滿足他們的需求。**

你的解決方案是一個假設，而非定論。當你開始思索提供顧客價值時，你意識到也許有許多可能的解決方案可以解決客戶的問題，而不僅僅是你腦海中想到的那個。

為了建立解決方案和顧客價值的連結，請寫下你對解決方案的假設，並使用簡要、具體的描述（即你的電梯簡報，我們會在第 2 章中提到）。透過詢問你自己下列問題，將電梯簡報與你的價值主張（Value Proposition）聯繫起來：

- 我的解決方案如何對應客戶未滿足的需求？
- 從他們的角度來看，我們提供什麼獨特的價值主張？
- 是什麼讓我們的解決方案與其他所有東西不同？

將顧客價值連結到未滿足的需求

你可能無法區分客戶價值主張和未滿足的需求。那是因為它們密切相關。客戶需求存在於問題空間中——無論你的計畫中它是否混雜在一起。你的價值主張存在於解法空間——它是解決方案與客戶需求之間的連結線。

happify MVP 畫布

未滿足的需求 ♥
方便有效的壓力管理。
精神科藥物的替代品。
幫助調整到「新常態」。

我們的解決方案 💡
透過遊戲將快樂的科學傳遞到你的手機中。

價值主張 🎁
減低壓力及提升心情的可靠方法。

解決方案／價值配對

一個能將快樂的科學傳遞到你手機中的遊戲，並提供了可靠的方法來減低壓力、提升心情。

pley MVP 畫布

未滿足的需求 ♥
一種可以和其他父母交流的方法，並聊聊最喜愛的玩具。

我們的解決方案 💡
針對 Pley 訂戶的線上社群。

價值主張 🎁
一個地方，可以認識其他使用 Pley 服務的家長們，他們同樣擁有熱愛樂高玩具的小孩。

解決方案／價值配對

一個針對 Pley 訂戶的線上社群，讓他們與其他同樣擁有熱愛樂高玩具孩子的家長們互相認識。

定義你的不公平競爭優勢和早期指標

接下來,你將寫下你的不公平競爭優勢——特殊技能、資源、連結和知識,這些優勢使你和你的團隊成為那個對的人,足以將想法變為現實。

先做這件事,並在分析你的研究時記住它,這將有助你在接收所有客戶的回饋意見時,仍然專注在你的願景和熱情上。

刺蝟概念

為了寫出你的不公平競爭優勢,你可以參考 Jim Collins 在《從 A 到 A+》一書中提到的「刺蝟概念」(hedgehog concept)。問問自己:**我熱愛的是什麼?我們在哪些方面能達到世界頂尖水準?為什麼有人會相信這個團隊和計畫?**

建立起持久價值的公司對這些問題有很好的答案。把它與強大的經濟引擎結合起來,你就走上了成功的道路。

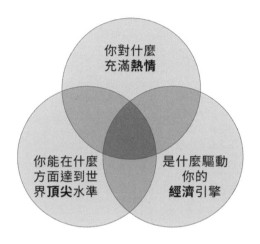

早期指標

你不能改變你無法衡量的東西。當你對早期採用者進行主觀研究時,你沒有足夠的數據去做 A/B 測試,因此請選擇一個與你的產品目標相關的主觀指標。記下 1 個或 2 個相關因素,是你可以在即將進行的實驗中測量的,例如:

- 偏好:舊 vs 新(在重新設計時進行比較)
- 採用:願意使用該產品的程度
- 價值:願意為產品付費的程度
- 淨推薦值(NPS,Net Promoter Score):願意將產品推薦給其他人的程度

Christina Wodtke 談設計思考

Christina Wodtke 是一位設計師、教育家及作家，曾服務於 Yahoo、LinkedIn、Myspace 及 Zynga 等公司。她目前在史丹佛大學教授使用者體驗（UX）及設計思考（design thinking）。

當我第一次聽到設計思考時，我覺得那都是胡言亂語。我覺得只是某人把使用者為核心的設計（*User-Centered Design*）重新包裝，然後用來賺更多錢。

後來，我被邀請到哥本哈根學院教導互動設計。我帶著學生們進行為期一週的創業課程，他們在一週內就找出了產品／市場契合（*product/market fit*）。這真的讓我很訝異——他們是如何這麼快找到產品／市場契合的！？

我了解到，那是因為他們在每個步驟都用上了設計思考。當他們和人們交談時、管理資料、製作原型及測試時都是。當我回到家後，我將設計思考加入了我的課程內。

新創企業的時間有限，所以得抓緊任何能幫助你更快、更有效率的事物。

對於 Happify 而言，不公平的競爭優勢在於團隊擁有營運和銷售一個成功的休閒遊戲公司方面的經驗，以及將快樂科學帶給更廣泛受眾的個人熱情。我們所建立的早期指標是圍繞著在原型中獲得正向反應。

對於 Pley 來說，不公平競爭優勢在於服務的需求量快速增長、且背後有著強大的內部開發團隊。我們的商業目標圍繞著減少用戶流失，因此我們都同意尋找能夠實現這一目標的解決方案。

將你的假設排出優先順序

現在是時候闡明你的假設並排出優先順序了。

要產生這個列表，請查看到現在為止，你在 MVP 畫布中記下的假設。問問自己：哪些假設是我最不確定的？哪些假設如果是錯誤的，將會嚴重毀掉我的計畫？

你的目標是寫下一個高風險假設的優先順序列表——對你的計畫非常核心、但你卻不太確定的。請特別注意畫布的左側。誰是你假設的早期客戶、他們未滿足的需求是什麼？你的解決方案和價值主張怎麼樣？

這個列表將幫助你從客戶研究中獲得最大價值，因此請讓這些假設具體並可測試。寫下看似明顯、但需要再次確認的事情。然後辨識出該列表中最重要的、公司孤注一擲的假設。哪些假設可能導致你的整個計畫或公司銷聲匿跡？哪些讓你感到緊張？那些是你需要關注的。

準備好進行你的高效學習實驗

現在你已經了解如何填寫你的 MVP 畫布，並列出假設的優先順序，你即將開始進行高效學習的實驗，並從頭開始創建引人注目的產品。

在下一章中，你將學習如何使用此分析來規劃有關產品發現階段的研究（product discovery research），並為成功做好準備。

工作表：MVP 畫布

現在輪到你了。回答這些問題來填寫你的 MVP 畫布。如果你正在測試幾種不同的假設，你可能需要填寫多個畫布。

利用本書的配套網站
gamethinking.io/booknotes
下載免費、可填寫的MVP畫布。

闡明你的產品 / 客戶假設

誰會是你最初的 25 – 50 位充滿熱情的早期客戶？

你的產品可以滿足哪些未滿足的需求？

什麼是可以滿足這些人們需求的解決方案？

能將你的解決方案與早期客戶未滿足需求連結起來的價值主張是什麼？

辨認你的關鍵優勢和早期指標

為何是你?為何是這個團隊?你的關鍵能力是什麼?你的不公平競爭優勢是什麼?(甜蜜點 / 獨門配方?)

_____

_____

_____

你將使用哪些早期指標來衡量成功與否?為什麼?

_____

_____

_____

優先考慮你的最高風險假設

哪些關於計畫的假設是你最需要測試的,為什麼?哪些假設如果被證實是錯誤的,會帶來嚴重後果?

_____

_____

_____

草擬你的電梯簡報

我們正在發展…

給（哪些對象）…

讓他們可以…

產品策略的速度阻礙

當最簡可行產品（MVP）實驗失敗時，通常是源於善意的人對早期產品開發的本質缺乏了解。當你建立和發展你的最簡可行產品時，注意你可能會遇到以下這些阻礙。

速度阻礙＃1：大眾市場的夢想家

跌了大跤的團隊經常這樣做，因為他們沒有先聚焦，跳過尋找早期客戶並滿足他們的關鍵階段。這些團隊往往由大眾市場的夢想家領導——高明的領導者看到他們的產品將走向何方，可能成就什麼，但那不是現在。他們對專注在一個小型的早期市場感到不太舒服，這些小型市場的客戶不在他們充滿願景的大眾市場裡。問題是：如果你的創新沒有抓住和滿足你的早期市場，那麼你根本不會有機會擔心到大眾市場的。

如果你正在創造一些創新的東西，主流的使用者既不會了解你的創造，也不會向你提供你所需要、賴以進步的回饋意見。相反的，**請找到並滿足一些高需求、高價值的早期客戶**。

速度阻礙＃2：熱情的信徒

當早期客戶撕裂你的想法時，需要超人般地自我控制才能冷靜地傾聽。有一位最近和我合作過的創始人，渴望親自進行早期的客戶訪談，並確信自己是一位公正的會談者。在那些訪談期間，他的創業家熱情接管了；他無法抗拒提出有關產品的引導性問題，並試圖讓人們改變他們的反應。為了抵消這種自然的傾向，我們培養了一位更初級的人員來進行會談，並在透過這位企業家的監督和指導之下，來完善面談的腳本並引導資料分析。這使我們能夠獲得我們所需的誠實回饋，將產品塑造成現今已擁有數千付費用戶的服務。

避免太過度愛上你想法的細節。相反地，**和早期採用者及冷靜的會談者一同來測試和改進這些想法**。

速度阻礙＃3：數據勢利者

有些人崇拜分析的神壇，相信可行的研究總是涉及Ａ／Ｂ測試和數千筆資料。如果你正在優化現有產品，這很棒；但如果你正在將創新的東西付諸實現，則無益。（除此之外，尚未建立的產品沒有用戶讓你執行Ａ／Ｂ測試。）

數據勢利者將自己定位為真相的捍衛者，並將任何定性研究視為「不科學」。例如，在一家快速增長的新創公司的網站重新設計過程中，我們製造模型並測試了核心功能的多種變化，找到了符合我們業務目標的最佳設計，並獲得了早期客戶的高度評價。但是後來在會議上，一名專案經理將我們的原型測試結果駁回為「樣本數太少不算數」。那個公司現在擁有的新更名網站，更換了新的標識與顏色，排版和功能則不變，沒有任何業務問題有被解決。

使用主觀測試來驗證你的早期想法。創新來自早期的原型設計。分析是在那之後才進行。分清楚使用它們的時間點。

速度阻礙＃4：精雕細琢的追求者

精雕細琢的追求者很難想像，草圖和線框圖可能演變成美妙的東西。他們可能被精美的視覺效果所迷惑，認為事情比現有的更好。

視覺效果對成品來說很重要。沒有人想要販售難看又難用的東西。然而，對於產品的早期發展，精緻的視覺效果可能是一個主要的速度阻礙。以我的前任客戶舉例，他是一位出色的年輕執行長，他帶著華麗的模型來到我這裡，他相信那已經「接近最終產品」（但並不是）。他堅持在我們向早期客戶展示的所有內容中，看到這種程度的視覺效果，然後我們的進度慢到像在爬行一樣。更糟糕的是，團隊著迷於已經製作出的美麗視覺效果，所以當我們發現核心價值主張存在問題時，團隊抵制了這些結果，產品最終失敗。

精緻的視覺效果難做出改變，在技術和情感上都是如此。**為了快速迭代，讓視覺效果保持簡單及簡化。**

第 2 章

草擬產品簡介

再也沒有比「把根本不該做的事做得極有效率」
更沒意義的事了。

彼得・杜拉克（*Peter Drucker*）

在 第 1 章中，你已經學到如何闡明你的產品策略並提出關鍵假設。驗證假設是嵌入在精實創業裡的重要環節，坦白地說，這是你會面對到最困難的任務之一。

你很自然地會覺得自己的產品理念真是太棒了，一定是人們會喜愛的。要對這種信念提出挑戰非常困難，甚至你應該要熱切地尋找在你想法裡的問題——就像找出其中正確的部分一樣。

抵消這種自然趨勢的最佳方式是接受不確定性，並為你可能建構的內容提出替代假設。如果你開發並測試了幾種不同但相關的想法，那麼更容易不偏愛任何特定的結果，並將最好的展示出來。

創新的階段－關卡模型

有一個完善的產品創新理論稱為階段－關卡模型（Stage-Gate Model），可以幫助我們理解產品創新的運作方式。這個模型在 1986 年由 Robert Cooper 在他的著作《*Winning at New Products*》中被普及化。它列出了一系列的發展階段，由進行決策的各個「關卡」來篩選，只有勝出的想法才能通過。

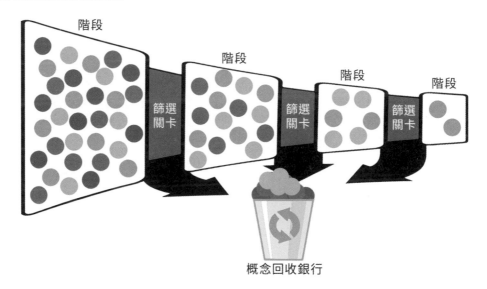

在計畫的早期階段，你的目標是測試許多小的想法，並繼續開發順利穿越關卡、「贏得」資源的那些想法。隨著這樣的進行，你開發出更少、但更好的想法——並最終完成單一、有一致性的產品。

與我合作過的、最成功的遊戲工作室和科技創業公司都遵循著類似這樣的過程。這是遊戲思維背後的引領力量，也是一種強而有力的方式，幫助你追尋真相，增加成功的可能性。

什麼是產品簡介？

有效進行計畫的關鍵在於，以終為始、並從後向前倒推。遵循這一原則，我現在將向你展示如何草擬產品簡介（product brief）。產品簡介講述了關於你的產品是什麼的故事，它適合誰，以及你將如何測試你的想法。它有三個部分：

第 1 部分）產品策略：我們正在打造什麼

第 2 部分）客戶洞察：我們學習到什麼

第 3 部分）軸轉或堅持：下一步要打造的是什麼

在你獲得所有答案之前，儘早草擬產品簡介，這是優化你目前想法並制訂出聰明又有效的測試計畫的好方法。在測試你的假設時，你將更新產品簡介以反映你學到的內容並概述出後續步驟（請參閱第 11 章）。這將幫助你協調你的工作，並將你的願景傳達給利害關係人、承包商和同事。

產品策略：我們正在打造什麼

在你的產品簡介的第一部分中，你將概述你當前的產品策略——記得，在你與早期客戶測試完你的想法後，你將會更新這個策略。

製作你的電梯簡報

你將從電梯簡報（elevator pitch）開始，它是一個清晰簡潔的描述，內容包含你想要創造的內容、適合的用戶以及為什麼對用戶有價值。

你的簡報應該短到可以在搭乘電梯的時間內說完，並強調你為目標受眾帶來的核心價值主張（core value proposition），也請讓它盡可能地簡單明確。

使用下面的電梯簡報範本，告訴全世界你提供的是什麼，提供給誰，以及你所處理的客戶問題或需求。

你的電梯簡報是一組關於你的產品、市場和團隊的可測試性假設。很快，你會在早期採用者的協助下測試和改進這些假設——所以不用擔心在這個階段就「正確命中」，只需寫下你當前的想法。

包含你「先前」的 MVP 畫布

你也應在撰寫電梯簡報時包含你的初始 MVP 畫布（即最簡可行產品畫布，請參閱第 1章）。畫布裡有關於你的產品和客戶假設的更多細節，以及你所規劃測試的假設優先順序列表。在撰寫電梯簡報時，請參考你先前寫在畫布內的內容——這兩份資料應該要相互呼應。

在你與早期採用者測試完你的想法之後，你將同時更新畫布和電梯簡報，以反映修正的內容以及你學到的東西。

先前的 MVP 畫布

早期客戶	未滿足的需求	我們的解決方案	不公平競爭優勢	關鍵假設
不是你最終的廣大客群，而是你將聯繫、為他們設計、優先銷售給他們的那些人。	為何客戶需要你的產品？產品解決了哪些問題？	你的解決方案是什麼？它如何解決客戶的問題？	你的公司如何才能獨一無二的贏得勝利？	當你打造最簡可行產品時，你會測試哪些高風險的假設？
	價值主張 為何客戶會偏好你的產品，而不是競爭者的？是因為哪些地方不一樣，而且具有更高的價值？		**早期指標** 你將採取什麼樣的衡量方式，來判斷你早期的原型製作是否成功？	

Dan Cook 談階段關卡理論

Dan Cook 是一位首席遊戲設計師及獨立遊戲工作室 Spry Fox 的共同創辦人，並經營知名的遊戲設計部落格 *Lost Garden*。

我從遊戲行業中學到的早期教訓之一，就是失敗非常、非常可能發生。即使你執行得非常好，你夢想的想法也只有很小的機率會成功。

為了增加成功機率，我使用了被稱為階段關卡（*Stage Gate*）的熱門產品開發模型。先想像一個漏斗，漏斗的頂端是一大堆處在早期構想階段的微小實驗。

接著要經過一個關卡。關卡詢問一些像是這樣的問題：這個遊戲原型會吸引玩家至少 15 分鐘以上嗎？我們在提高這款遊戲的樂趣方面的進展速度是否足夠快？

在階段（*Stage*）時，你開發了幾個概念。在關卡（*Gate*）時，你除去不理想的概念，然後將餘下的概念移到下一個階段。所以你會除去一大堆不理想的概念。你一直這樣做，直到剩下最後那一兩個你發布產品時所採用的概念。

客戶洞察：我們學習到什麼

在這個部分中，你將統整如何測試你的假設，以及你期望收集到哪些洞察（對客戶深入準確的理解）。

認識「超級粉絲漏斗」

在遊戲思維中，我們使用了一個名為超級粉絲漏斗（superfan funnel）的三階段過程，來加速產品／市場的契合。在下面的章節中，你將詳細學習這個漏斗如何運作，以及如何將這些強大的技術應用到你自己的計畫中。

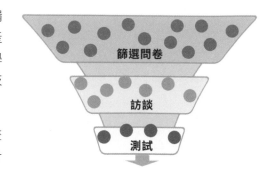

既然你還沒有完成研究，你將利用這個機會勾畫出一個研究計畫，一個符合你計畫需求的研究計畫，並開始思考如何識別和同理你的早期客戶。

規畫你研究中的：人、事、時、地

請看看你在 MVP 畫布中對於早期市場的假設，並問問自己：

- 我們將首先找誰進行測試？我們將如何找到他們？

- 我們將首先測試哪些假設？為什麼？

- 我們可以立即開始，還是需要一個「關卡事件」（gating event）來開始？

- 我們會和人們經由網路、電話或面對面交談？或以混合的方式？

研究計畫

人：對象族群［人］和他們擁有的［某些］特徵。

事：用來驗證［假設 1］的早期訪談或測試。

時：離關卡事件［多少］天。

地：［地理位置：線上、面對面，...等］。

原因：調整我們的核心系統，在前進的路上獲得早期回饋。

你的答案當然取決於你的計畫和客戶的細節。以下是我們為 Happify 和 Pley 撰寫的研究計畫摘要，以及他們的 MVP 畫布答案。

我們透過簡短的訪談開始每個計畫，旨在測試我們的核心產品理念，並改善我們對未滿足的客戶需求之理解（請參閱第 4 章）。

happify 的研究計畫

人：家中有幼兒的父母，剛離開職場不久。

事：進行訪談，用來測試這些父母對於快樂遊戲的需求程度。

時：一旦找到潛在受測者後，不需要關卡事件。

地：線上進行訪談，使用手機或 Skype。

原因：測試我們的整體方向和對於目標客戶的假設。

happify MVP 畫布

早期客戶	未滿足的需求	我們的解決方案	不公平競爭優勢	關鍵假設
承受高壓的艱辛創業家。 最近被診斷出有憂鬱症的專業人士。 經歷重大生活變化的人們，例如：生小孩、失去工作、搬家、退休。	方便有效的壓力管理。 精神科藥物的替代品。 幫助調整到「新常態」。	透過遊戲將快樂的科學傳遞到你的手機中。	營運和銷售一間遊戲公司的經驗。 對該領域的個人熱情。	人們會想要一個存在於手機內，可以提升心情的解決方案。 人們會願意付費使用這個解決方案。 我們可以打造出一個能有效提升使用者幸福感的遊戲。
	價值主張 減低壓力及提升心情的可靠方法。		**早期指標** 使用者對第一個產品原型的反應，正面或負面。	

pley 的研究計畫

人：訂戶，擁有喜愛樂高的孩子。

事：進行訪談，用於測試訂戶對於 Pley 社群的需求程度。

時：一旦找到潛在受測者後，不需要關卡事件。

地：線上進行訪談，使用手機或 Skype。

原因：驗證我們的產品想法和價值主張。

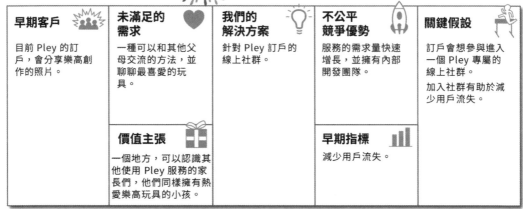

pley MVP 畫布

早期客戶	未滿足的需求	我們的解決方案	不公平競爭優勢	關鍵假設
目前 Pley 的訂戶，會分享樂高創作的照片。	一種可以和其他父母交流的方法，並聊聊最喜愛的玩具。	針對 Pley 訂戶的線上社群。	服務的需求量快速增長，並擁有內部開發團隊。	訂戶會想參與及進入一個 Pley 專屬的線上社群。加入社群有助於減少用戶流失。
	價值主張 一個地方，可以認識其他使用 Pley 服務的家長們，他們同樣擁有熱愛樂高玩具的小孩。		**早期指標** 減少用戶流失。	

有注意到研究計畫如何和 MVP 畫布相關聯的嗎？請確保你有將自己的研究計畫和假設聯繫起來，特別是關於早期客戶和未滿足的需求——並且還要考慮你想要優先測試的高風險假設。

關鍵結果和觀察到的模式

在測試你的假設後，你將總結你的發現，並關注最相關的、可執行的結果。然後，你將利用這些洞察來更新你的產品策略和設計，並決定下一步該做什麼。

現在，看看你剛剛勾畫出的研究計畫，想像你在與早期客戶的討論中，可能會產生什麼樣的模式或洞察。在你將要測試假設的過程中，你期望聽到什麼樣的習慣、需求和新想法？

這裡有一些示範的模式可以幫助你開始。召集你的團隊進行一場腦力激盪會議，將這些應用到你的計畫中，並看看你們產出了什麼。

- **模式範本 1**：許多我們的受測者喜歡進行＜每日習慣＞。

- **模式範本 2**：一些我們的受測者認為＜想法或信念＞。

- **模式範本 3**：與我們交談的人希望他們可以＜未滿足的需求＞。

- **模式範本 4**：少數我們的受測者願意為＜你的服務＞付費。

- **模式範本 5**：大多數我們的受測者都嘗試過＜你的主要競爭對手＞。

像你產品簡介中所有的內容一樣，這些都是你將在接下來的幾週內測試和完善的假設。如果你已經對你的核心客戶有了一些洞察或預感，請繼續並將它加入到這個假設的列表當中。這將有助你了解客戶的想法並專注於你的研究。

Katherine Isbister 談研究

Katherine Isbister 在加州大學聖克魯茲分校（UC Santa Cruz）管理遊戲暨可遊玩媒體中心，也是《*How Games Move Us*》一書作者。

當學生有一個想法時，我總是說「讓我看看這個想法在整體中的其他面向。你的想法和其他那些有什麼不同？你的想法如何比其他更好？」這是一個重要步驟，但許多新手設計師並未這麼做。

我也讓他們花時間在他們想要設計的人們身上。例如，如果你想設計一個在地鐵上玩的休閒遊戲，那麼就去乘坐地鐵，並且偷偷地看著人們玩手機。他們會切換任務嗎？周圍的人如何與他們相關？

注意在情境中發生的事情，並將這些洞察整合到你的遊戲中。

以下是我們為 Happify 和 Pley 產生的一些基於猜想的假設。

happify 的模式

模式 1：他們喜歡這個想法，但不確定是否行得通。

模式 2：他們希望我們的遊戲看起來、感覺起來像是［某產品］
（他們已經很熟悉的某個遊戲或產品）。

模式 3：他們對遊戲有興趣，但不願意付費使用。

pley 的模式

模式 1：他們已經參與了多個線上社群。

模式 2：他們希望認識其他具有相似興趣的父母。

模式 3：他們想要更好的相片分享及影片分享功能。

在測試之後，我們會更新這些內容以提煉我們學到的知識（請參閱第 11 章）。

軸轉或堅持：下一步要打造的是什麼

產品簡介的第三部分會根據你到現在為止學到的內容，來概述你打算在下一步做什麼。你已經熟悉關於最簡可行產品（MVP）的想法。現在我想向你介紹早期測試（alpha test）——即實地測試、縱向測試或前導測試。

在這個早期階段，先描繪出你的早期測試可能的模樣會很有幫助。一旦你驗證了你的想法，並收集了客戶資料，你就可以更新和迭代你的早期測試計畫，加入更多關於你的產品和受眾的細節和洞察。

軟體版本週期

在軟體開發中，有四個常見階段：

- **未完成版（Pre-alpha）**：任何軟體測試之前發生的所有活動，包括發掘顧客、制訂計畫、蒐集需求、任務分析、競爭分析等。

- **早期版本、內部測試版本（Alpha）**：早期、不完整的產品版本，已包含核心系統。

- **公開測試版本（Beta）**：功能完整的產品版本，仍需要測試、調整和除錯。

- **發布版本（Release）**：經過除錯、已準備公開發布的產品版本。

許多創業者都渴望快速發布產品，讓他們可以得到自己想法的回饋，但是如果你正在建立一些有意義和實質性的東西，那麼與少數早期的核心客戶進行的非公開早期測試，可以讓你獲得更多、也更快速——並幫助你走向長期的成功。

概述出你的早期測試 (Alpha test)

本著**以終為始、並從後向前倒推**的精神，你將概述出你當前的想法，以進行高效學習的早期測試。這將是對你的核心系統進行的多週測試， 及 25 − 50 人的 4 − 8 週測試。

問問你自己：

- 可以讓我們在 4 週測試中使用的最早產品版本是什麼？

- 誰會成為那 25 − 50 位我們所需要的最佳受測者，並有時間和動機參加這項測試？我們在哪裡可以找到他們？

- 我們將在早期測試中檢驗哪些假設？什麼訊息將決定這些假設是否得到驗證？

預先提出這些問題的目的是讓你提前思考，並幫助你在後續的工作中可以維持專注、並精簡你的工作。你現在沒有全部答案——那沒關係。以下是一個幫助你開始的範本。.

早期研究計畫

人：對象族群［人］和擁有的［某些］特徵。

事：用來驗證［假設1、2、3］的［幾］週早期測試。

時：離［關卡事件］［多少］天。

地：［地理位置：線上、面對面，...等］。

原因：獲得有關我們核心系統及功能的早期回饋。

沒有一種萬用的早期測試計畫。對於 Happify 和 Pley，我們分別創建了早期測試計畫，以滿足不同計畫的需求。Happify 的目標是測試一個實際運作的產品版本，因此我們將客戶帶到紐約的辦公室進行測試。

---

happify 早期研究計畫

人：家中有幼兒的媽媽，剛離開職場不久。

事：對遊戲早期版本內的單一活動進行為期 4 週的測試。

時：一旦該單一活動的原始版本建立並準備就緒。

地：面對面，在紐約的辦公室內。

原因：測試我們核心產品中的吸引力和趣味性。她們喜歡它嗎？

Pley 的早期測試目標是利用 YouTube 來驗證線上影音社群的想法。所以我們創造了一個線上測試計畫來支持這個目標。

·pley· 早期研究計畫

人：擁有小孩的訂戶，他們喜歡在網路上分享相片。

事：在 Pley 的 YouTube 頻道內經營為期4週的內容和競賽。

時：一旦頻道的內容和競賽都準備就緒。

地：線上，使用 YouTube。

原因：驗證我們對於家庭友善教育內容的想法。

儘管你還不知道你的研究將如何開展，但事先想像一下早期測試會如何運作、以及誰會參與其中，你會從中受益匪淺。

如果你從目標開始從後向前推導，來規畫你的研究並設計活動，那麼你的設計工作將變得更加聚焦和精簡。另外，這會為你的下一個任務做好準備：找到並同理你的核心超級粉絲。

工作表：產品簡介（草稿）

現在輪到你了。回答以下這些問題來草擬出你的產品簡介。

包含你先前的 MVP 畫布和電梯簡報

利用你在第 1 章的工作表中寫下的 MVP 畫布和電梯簡報來開始草擬你的產品簡介。

規劃訪談：人、事、時、地、原因

你將對誰進行訪談，來找到熱情的早期客戶？訪談將在何時何地進行？你試圖驗證什麼樣的產品想法和價值主張？

想像一些習慣模式

你可能在早期客戶身上發現哪些重要的既有行為模式？

規畫測試：人、事、時、地、原因

哪些早期客戶會參與測試？測試將在何時何地進行？你將在測試中檢驗哪些高風險假設？

產品簡介的速度阻礙

速度阻礙 # 1：缺乏內部支持

如果你的組織不熟悉由假設所驅動的測試，你會受到一些阻礙。當你的同事不具備進行這些測試的技能和經驗時，會發生這種情況，因此他們會忽視他們不了解的內容。或者，他們可能已經吸收了「快速發布，看看會發生什麼」的精實創業精神，但卻不了解導致成功發布的原因。

要正面迎接這項挑戰，**找到並教導出一位內部人才**，他是能夠幫助你獲得資源和支持的。理想上，試著找到渴望學習創新的尖端技術，以及願意領導計畫一路完成的人。

速度阻礙 # 2：缺乏對小型早期市場的聚焦

一個肯定會導致初期產品發展脫軌的方法是，追求廣大市場、為每個人而創造——這通常無法滿足到任何人。如果你不能讓你的團隊專注在一個小型、特定的早期市場，那麼成功創新就很難。這往往是一個善意的大眾市場遠見者會遇到的結果，他眼光遠大，但不知道如何到達那裡。

超級粉絲漏斗可以幫助你解決這個問題，透過它逐步的引導你去找到合適的客戶來進行產品探索和測試。**使用超級粉絲漏斗來聚焦在少數的早期測試人員**。與你的內部人才一起獲得你所需要的支持和資源來實現它。

速度阻礙 # 3：太早過度開發軟體

雖然你和你的團隊有最好的意圖，但在實踐中，要讓潛在的客戶與一個從你偉大願景中誕生出來，但充滿了程式錯誤又難看的版本來進行互動，在情感上來說是相當困難的。許多新創公司開始著手構建他們的早期版本（alpha），但最終開發、雕琢出的成果卻比較像是公開測試版本（beta）。這推翻了你獲得早期回饋的絕佳機會，並且可能將你鎖定在一個不是最佳的方向上。

我所見過避免這種速度阻礙的最好方法是，**明確地表達你想要學到的內容，並安排出最快、最便宜的方法來學習它**。

第二部分
同理

打造只有少數人想要的事物 —— 即使大多數人一開始並不理解它。

Y Combinator 合夥人 Paul Buchheit

試圖取悅每個人是最可靠的失敗之道。為了提供吸引人的產品體驗，你需要針對特定的客群並了解他們的需要。

對客戶的同理是設計思考和精實 UX（User Experience，使用者體驗）的基石。在實務上，要去同理客戶可能會非常棘手。你如何找到正確的對象去同理？你要聽誰的意見，更重要的是，你該忽略誰？

我們大多數人沒有時間或技能對我們的目標客戶進行民族誌研究（ethnographic research）。我們已經誤入歧途過太多次，對錯誤的對象進行同理、並得到導致我們偏離正途的洞察。但它不一定得是那樣。

在本部分中，你將學習一個**經過驗證的系統、幫助你去同理那些核心的客戶**——那些能夠幫助你優化假設、調整系統並增加成功機率的人。

第 3 章

找出核心超級粉絲

早期採用者願意忍受成本、嘲笑和不便，以滿足他們的
需求。

Erike Hall
《*Just Enough Research*》作者

找到合適的早期客戶對成功至關重要,而且並不容易。大多數企業家在走到這一步時都會跌跌撞撞的。他們被告知「走出大樓,去找人開始會談」,然後,這就是他們實際去做的。

但是,當你撒出一個大網時,你會得到混亂的回饋。你從朋友、家人和投資者那裡聽到的,所有那些炙手可熱的評論,來自於那些支持並關心你的人時,可能對你造成嚴重的誤導。

為什麼關注你的早期市場?

要和小型、初期的市場裡的早期客戶積極地建立聯繫,需要付出專注、精力和謙卑。何苦如此?因為回報是巨大的。你的早期採用者可以:

- 在不需要付出大量投入的情況下測試你的早期版本。

- 為你提供有關早期版本的系統和功能的清晰回饋。

- 從早期測試就開始,幫助你建構出核心的社交系統。

- 從測試版本開始建立口碑,並藉此幫助你擴展規模。

如何找到你的超級粉絲

當你開始著手創造新的東西時,你需要從具有 **4 個關鍵特徵的特定類型客戶**那裡獲得回饋:

超級粉絲的特徵

他們 **擁有** 你想要解決的問題。

他們 **知道** 他們遇到問題,對問題十分在意。

他們嘗試 **解決** 這個問題,從現有的選擇中尋找解決問題的方法。

他們 **不滿意** 現有的選擇,想要更好的解決方案。

我稱這些人為**超級粉絲**。這是**高需求、高價值的早期客戶**的簡稱。**高需求**,因為他們對你正在創造的東西有著迫切的需求或渴望,或許源自於你還不明白的原因。**高價值**,因為他們感覺敏銳、有能力清楚表達,並且有動機和活力幫助你將產品創造出來。換句話說,他們會是優秀的早期測試人員。

超級粉絲的許多好處

來自尼爾森／諾曼集團（Nielsen／Norman）的研究表明，你只需要 5 個測試人員就可以知道你是否在正確的軌道上。但這裡有一個關鍵：他們需要是**正確的** 5 個人，對你的產品和開發階段合適的人選。

在產品開發的早期階段，你會從 5 個超級粉絲中獲得許多價值，遠超過一般所謂的「目標客戶」。這些所謂的目標客戶，只是數十個恰好符合你的檔案、並認為你的產品很酷的對象。**一旦你滿足了你的超級粉絲，你就有了可以穩固成長的基礎**。但是如果你錯過了這個早期的、充滿活力的真人回饋循環，幾乎不可能「跨越鴻溝」進入主流市場被使用。

舉例而言，當我在製作**搖滾樂團**（*Rock Band*）時，我們知道要讓遊戲成功，我們首先必須捕捉到狂熱的音樂遊戲玩家的心——他們是我們早期、熱情的顧客，有著對更好音樂遊戲的熱切渴望。早在遊戲的公開測試版本之前，我們就有熱切的測試人員提供想法並協助創造內容，這會讓遊戲對每個人都更有趣。

超級粉絲是跨越鴻溝前的早期採用者。
在嘗試新事物之前，他們不需要社會證明，因為他們的需要或渴望如此之大。這就是你想要找的人：他們因為沒有擁有你所提供的事物，而感受到明確的痛苦。

撰寫你的超級粉絲篩選問卷

現在，你將學習一種稱為**「超級粉絲篩選問卷」**（**superfan screener**）的技術，就像把小麥過篩一樣。這個簡短的、6 個題目的調查表，旨在吸引那些**可能**成為你早期客戶的人。這是你的超級粉絲漏斗的第 1 階段。當與階段 2 和階段 3 相結合時，篩選問卷將為你提供強大的功能——和對的客戶一同驗證和測試你的早期想法。

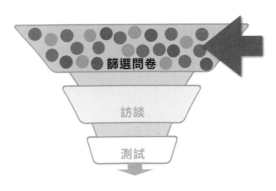

選擇你的招募管道

有很多管道可以用來招募受試者。哪一種是最好的方式來接觸到你的早期採用者呢？這取決於你目前與潛在客戶的關係。

一個好的經驗法則就是**去潛在的超級粉絲出沒地點**，到那裡招募他們。以下是一些可以考慮的管道，以及何時使用它們的指導原則。嘗試同時進行多個管道，以防止單一的管道失效，或進展緩慢。

直接發電子郵件。如果你有現有客戶或粉絲的列表，可以直接寄送電子郵件給他們，並邀請他們填寫你的問卷。如果你有大量的名單和使用情形數據，請嘗試先與名單中最相關的、活躍的用戶來聯繫。Pley 的 Ranan Lachman 使用這種技術來招募在線上積極分享照片的客戶，這是尋找有意成為線上社群一員的媒介。

朋友圈的社交媒體分享。透過社交媒體的分享是另一種尋找受測者的好方法。你可以自己分享你的推廣信息——但使用朋友之友（FOF，friend-of-friend）的技術更有效，並請你的朋友和同事分享你的信息。這將幫助你拓出自己的網絡之外，並找到不認識你的人、這些人也不太可能想取悅你（因此在受測時也會更誠實）。

在 Craigslist、Facebook 或 Google 上投放招募廣告。如果你將目標鎖定在熱情的業餘愛好者、忙碌的學生或過度工作的父母身上，那麼你通常可以經由在 Craigslist、Facebook 或 Google 等網站上投放廣告，來獲得高質量的問卷結果。請記住，你需要排除掉「職業受測者」，他們會說出他們認為可以確保賺到錢的任何內容（快速訪談的目的之一就是排除掉他們）。

同好社群。你是否屬於 LinkedIn、Facebook 或其他線上的同好社群？這些社群可以成為找到超級粉絲的好地方。在發布招募訊息之前，務必為該社群提供價值，並與社群領導者核對、以確保你的訊息受到歡迎。如果你不屬於這些社群，你可以加入並建立身分，或者請求屬於相關群組的朋友以你的名義發布消息。

聚會和研討會。儘管在線上招募受測者方便又容易擴展，但你也可以透過面對面招募獲得很好的結果。如果你所在地區有相關的聚會，你可以在那發表演講，並在最後時提到參與你研究的邀約。

如果你正在參與一個擁有許多潛在超級粉絲的大會，你可以運用這個優勢，在會前和會議期間招募人員參與你的調查。你可以要求他們參與線上問卷，或親自提問你的問題並記下他們的回覆。軟體即服務（SAAS）的企業家 Megan Mahdavi 就使用這種方法在 Dreamforce 進行潛在的超級粉絲篩選，那是 Salesforce 這間公司一個龐大的年度活動。

付費的研究服務。如果你的時間不夠或者沒有足夠的資源來自己招募受試者，你可以透過付費的研究服務來獲得協助，向他們詳細描述你要找的人，他們可以幫你找到這些人。雖然這可能是昂貴的，但它有時會是最好的方法，幫助你準確地找到你要找的人。

寫出你的招募訊息

在發送你的問卷之前，你會寫一條簡短的訊息來描述你要找的人、以及你所提供的內容。這裡有一個幫助你開始的範本。

招募訊息範本

您好！我們在尋找 ［男士和女士］ 年齡介於 ［ＸＸ－ＹＹ］ 之間，擁有 ［你的超級粉絲特質］ 的人，來參加我們 ［津貼情形］ 的研究，幫助我們開發 ［精簡具體的產品描述］。

如果您被選入參與我們的研究，您會獲得 ［多少時薪］ 做為我們感謝您投入的時間。您可以透過填寫以下的問卷，來申請參與我們的研究：

　　＜問卷的超連結＞

謝謝您！我們期待您的佳音。

誠摯的 ［姓名和頭銜］

以下是針對不同招募管道的 2 則示範招募訊息。

***Happify* 在育兒網站（紐約、舊金山和洛杉磯）上發布的消息：**
我們正在尋找擁有並精通智慧型手機使用、介於 25 － 45 歲的父母，過去購買過自助書籍或計畫，並且渴望學習和培養快樂的日常習慣，那些已受科學證明可以提高自己快樂程度的習慣。

***Pley* 以電子郵件發送給現有訂閱者的訊息：**
我們正在尋找喜好樂高的父母，喜歡分享圖片和訊息，並願意幫助我們改善服務、發展出更有活力的線上社群。

Laura Klein 談挑選正確的人

Laura Klein 是一位客戶發展忍者。她管理著 *Users Know* 這個網頁，也是書籍《*Build Better Products*》、《*UX for Lean Startups*》的作者。

選擇合適的人來交談。如果你正在為太空人製作產品，不要浪費時間與不是太空人的人交談。你不會得到任何好的回饋。實際上，你可能會得到讓你朝錯誤方向前進的回饋。

不要打造一個給「媽媽們」的產品。媽媽們太多了，每一位之間都很不一樣。你不可能打造出每一位媽媽都喜歡的東西。

選擇一組非常特定的對象，你可以實際跟他們交談，並開始看到模式。這將為你省下很多時間。

寫出你的問卷題目

現在，撰寫一份旨在識別早期客戶的簡短篩選問卷。嘗試從 6 個問題開始，3 個多選、3 個開放式問題，然後調整問卷內容以符合你的計畫需要。以下是撰寫出有效的超級粉絲篩選問卷的一些技巧。

- **你的問卷越短，你獲得的答覆就越多。** 抑制詢問所有事情的衝動——只專注在可以幫助你分類這些答覆和識別出你的超級粉絲的問題。

- **行為是一種比信念更強烈的信號。** 在設計多選題時，考慮哪些行為可以識別出超級粉絲，並提出有關這些行為的問題。

- **超級粉絲正在積極努力解決他們的問題。** 為了識別出高需求的客戶，利用開放式問題，揭示該人員為解決問題、減緩痛苦或滿足需求所做的事情。作為額外回報，你可能獲得一些所在產業的競爭分析。

- **超級粉絲對事情怎樣可以變得更好會有想法。** 至少包括一個邀請自我反思的問題，例如詢問如何改進事情。

這是一份範例問卷，來自於 Pley 所做的客戶洞察研究。

Pley 的超級粉絲篩選問卷

多選題

> 請問你的年齡範圍是？
>
> 有多少位小孩跟你住在一起？年齡是？
>
> 你的家庭每週會玩幾次樂高玩具？

開放式問題

> 你參與哪些線上社群？
>
> 你是否會專門尋找與樂高相關的網站或手機應用程式？
>
> 這些網站或手機應用程式可以怎樣更有效的幫助你？

我們選擇了人口統計問題，來幫助我們了解填答者的家庭狀況和遊玩的模式，這是區分現有用戶的兩個重要指標。

我們想與男性和女性都談談看，所以我們未將性別問題放在問卷內。我們還希望找到習慣使用線上社群的人——這是我們找到早期採用者的一個很好的篩選媒介——所以我們包含了關於他們當前使用情形的開放式問題，並要求他們提出改進他們已經參與的網站和社群的想法。

多選題能觀察模式

你需要專注的去聆聽你的早期市場。你需要對某些機會說不，對某些說是。如果你的客戶假設包含特定的定位問題，這個問卷是開始收集洞察和回饋的好時機。

Pley 知道，沒有孩子的成人用戶與有孩子的家庭有著非常不同的需求。因此，Pley 將每個家庭的孩子數量和年齡調查包含在問卷內，以評估不同族群對線上社群的興趣和需要，對有家庭和無小孩的成年人來說有何不同。

開放式問題揭示動機

很可能你會使用多選題過濾掉一些填答者。也許他們太年輕、太老、對產品太陌生、沒有正確的智慧型手機、或者使用特定工具的頻率太低。

對於通過人口統計篩選的填答者，他們對開放式問題的答案包含了你需要的線索，這些線索可以幫助你找出熱情的早期採用者，也排除不符合你需要的填答者。記得讓你的開放式問題，契合主題並能揭示出你所需的資訊。

讓你的問卷有時間限制

接下來，選擇一個問卷平台並收集一些資料。Google 表單和調查猴子（Survey Monkey）是 2 個很好的選擇，但是任何你喜歡的平台都可以。

實際上，大多數問卷的回應都是在發布後的 24 小時內完成的。為了獲得最佳的回應，請給填答者一個截止期限——比如說，你發送或發布問卷的 24 或 48 小時內——告訴他們立即填寫問卷。一定要在填答者通常有空的時間點發布你的問卷。

過濾受試者並識別模式

收集到大約 50 – 100 份問卷回應後，你需要過濾這些回應並確定哪些回應可以通過篩選。我建議使用紅綠燈方法，將回應區分為三大類。以下是它的運作方式。

紅色＝否。他們不屬於你的焦點（年齡、性別、地點）和／或他們只給出了最低限度的開放式問題回答。

黃色＝也許。他們是你的後補。也許他們給出了簡短或最低限度的答案，或者團隊內對他們有著分歧的意見。

綠色＝是。他們給出了相關的、發人深省的回應，並且你渴望從他們那裡聽到更多。

大多數人喜歡使用綠色、黃色和紅色對問卷結果的電子表格進行顏色編碼。如果你很急迫，你可以先把注意力集中在綠色的對象，讓最好的十幾位填答者快速進入下一步，之後再處理其餘的填答者。

記錄 3 到 5 個關鍵模式

一旦你對填答者進行了顏色編碼，請與你的團隊坐下來尋找資料中浮現出來的模式。尋找與你感興趣的領域相關的信念、習慣、願望或痛點，它們會在幾個回應中重複出現，而不僅僅是一兩個。

在分析資料時，可能很難看出實際潛藏的模式，特別是當它出乎意料時。

例如，我們在 Pley 的訪談中了解到，我們的許多用戶對 Pley 的預設評論感到沮喪，並希望幫助他們的孩子選擇到適合的玩具——這令我們感到訝異，但我們注意到了這一點，並記錄了這一發現，這幫助了 Pley 團隊優先考慮一些改善預設評論的方法，並將其納入開發事項的優先順位。

我們在這些資料中看到的最相關的習慣和未滿足的需求是什麼？

綠燈清單包含 10 — 15 位早期採用者

一旦你篩選了你的結果,現在是時候製作一個綠燈清單,列出 10 — 15 位具有你想要素質的填答者。例如,Pley 的綠燈清單中包含了大約十幾位具有以下特徵的樂高成癮父母:

- 活躍的建築者,每月租用多套(樂高玩具)。

- 孩子是樂高迷——這是他們最喜歡的活動。

- 喜歡在白天建造,並在晚上觀看樂高建造影片。

Happify 的綠燈清單包含大約 20 位具有以下特徵的女性:

- 留在家裡的媽媽,剛離開職場不久。

- 要照顧年輕或學齡的兒童。

- 有動機去改善他們的情緒,想變得更加快樂和樂觀。

你的綠燈清單內包含的這些通過篩選的人,有可能成為你核心的早期採用者。在下一章中,你將學習如何過濾這個列表,同時收集到對你的產品設計有高度價值的洞察。

工作表：超級粉絲篩選問卷

現在輪到你了。回答這些問題來規畫你如何找到早期客戶。

對早期客戶的假設

誰對於你的產品有迫切的需求，而且可以在產品處在早期原型時就給予你有用的回饋意見？
如果你有多個假設，請將它們全部寫下來。

競爭分析

還有誰正在努力滿足這種需求，為什麼它們無法達成？

招募管道

哪些團體、場地、管道或活動可能是你招募可能的早期客戶的好地方？

招募訊息

寫一個宣傳訊息，招募有興趣參加新產品測試的人（會提供車馬費）。

超級粉絲篩選問卷

寫下 3 個多選題來過濾群眾，並利用 3 個開放式問題來揭示他們的興趣程度和行為模式。

記錄招募訊息的結果

哪個招募管道最有效？哪個招募訊息最管用？

記錄問卷回應模式

從問卷的回應中出現了什麼樣的模式？尋找看看其中共通的習慣、需求、渴望和想法。

排名受試者

將受試者分為 3 組：綠燈＝是，必定訪談。黃燈＝也許。紅燈＝否。

後續訊息

寫一條訊息邀請綠燈受試者安排 5 分鐘的訪談。

寫一條訊息，禮貌地拒絕黃燈和紅燈的受試者。

超級粉絲的速度阻礙

當你正在識別核心超級粉絲時，注意這些速度阻礙，不要讓你慢下來。

速度阻礙＃1：不適合的招募管道

老話重談，在客戶研究中避免踢到常見絆腳石的方法是，尋找合適的招募管道來吸引早期採用者。

為了避免被不適合的招募管道拖慢速度，**利用一些小型的招募實驗來校正出值得信任的管道**——然後在有效的方法上加倍投入。

速度阻礙＃2：無效的招募訊息

如果你的招募訊息得到貧乏的回應，或者你收到太多不是目標的回應，請重新編寫你的招募訊息並再試一次。（我們提供的範本僅僅是一個出發點。）

要避免它，你可以 **A／B 測試你的招募訊息**來找出哪個有效。嘗試寫出兩三種不同的招募訊息，並測量哪些訊息得到更好、更符合目標的回應。

速度阻礙＃3：越堆越多

如果你在一家大公司工作，或處在一個緊密的創業文化，你可能會遇到這個「問題越堆越多」的速度阻礙。這發生在，當計畫以外的同事發現你正在進行一項調查，並且只想要「偷渡一或兩個問題進來」。但這會影響你的回應率，並且讓你得到的資料更為混淆。

不要讓隨機問題進入你的問卷內；相反的，告訴對方說：「還會有其他調查。這個調查很簡短，而且專注在尋找特定的人。」

第 4 章

鎖定有關的習慣和需求

沒有研究的學習只是猜測而已。

Laura Klein
《*Build Better Products*》作者

在建構任何產品之前，你所提出的價值主張要得到回饋意見，最好的方式是訪問潛在客戶，並了解他們的習慣和需求。這些「探索訪談」可以有幾種不同的形式：

地點：親自見面、通電話、視訊通話（如：Skype 或 Google Hangouts）。

時間：訪談 5 分鐘、20 分鐘或 1 小時。

內容：提出預先安排的問題或進行自由形式交流。

任何這些技巧都可能有用，**只要你訪談到正確的人**。這才是困難的部分。你關注誰，又該忽略誰？

創新擴散理論為我們提供了一個路線圖，指出了該優先關注的客戶：我們跨越鴻溝前的早期市場。當你要將新想法化為現實，請注意來自早期市場的回饋意見，並忽略其他的。

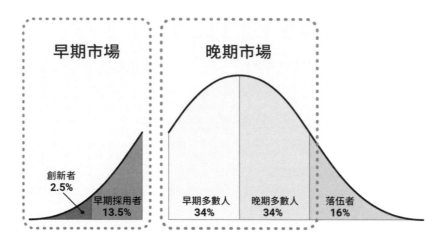

說起來容易做起來難。區分鴻溝兩側的市場區段很難。在實務中，早期採用者可能看起來與早期多數人非常相似、相似得可怕。我們如何判斷哪個是哪個？這是一個方便的區分法：

早期採用者願意去嘗試一些東西，不需要社會證明或說服。
他們很高興發現你的產品並幫助你塑造它，因為它解決了一個真正的問題，或者實現了他們**知道**他們有的願望。

早期大多數人都是實用主義者，他們在跳入之前尋找社會證明。
他們認為自己有前瞻性，而且會願意嘗試看看新事物——如果那個事物已經有其他他們所欣賞的人嘗試過了的話。如果他們的痛點變得足夠大，他們可能會**倒退**到鴻溝的另一邊，成為早期採用者。

從快速訪談中獲得客戶洞察

在前一章中，你學習到如何建立一個篩選問卷，以吸引適合你的產品、服務或業務的核心早期客戶。

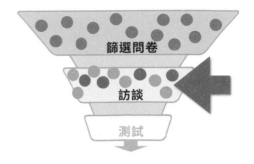

現在你要學習另一個強大的技術——你超級粉絲漏斗中的第 2 階段——稱為快速訪談。這些簡短的對話將辨別出優秀的受測者，並幫助你獲得對客戶洞察，從而加速你產品的設計過程。

簡短、揭示性的對話

快速訪談是 5 到 10 分鐘的對話，旨在：

1. 為你的產品辨認出表達力強、熱情的測試人員。

2. 從習慣、信念、痛點和尚未滿足的需求中，尋找出有關早期市場的模式和洞察，這些可能會影響你對早期產品的想法。

要進行快速訪談，你需要一個經過篩選的潛在超級粉絲列表。

和你的綠燈清單進行接觸

現在你要和人們聯繫，讓他們知道你想問幾個後續的問題來進行篩選。開始這項工作的最佳起始點是你的綠燈清單——就是為你的開放式問題提供最相關答案的那些人。

如果你已經有客戶或粉絲的名單列表，請將這些人也納入這個流程內。

如果你在網上刊登有償的招募訊息，這一步驟就是你排除「職業受測者」的時候，排除那些尋找有償的研究機會，並會説出他們認為你想聽的任何內容的那些人。這些人往往無法回應這個後續的篩選訪談，因為這對他們來説太麻煩了。而如果他們確實來參加了訪談，你也可以迅速發現並排除他們。

真正的早期採用者會熱衷於分享他們的觀點並談論他們關心的事情。他們可能會感激這筆錢，但他們真正的動機是有這個機會來分享他們的想法並被聽見。

這裡是一個電子郵件的範例，可以做為一個起點，來幫助你開始接觸清單內的對象。

接續在問卷後的電子郵件

親愛的 ［收件人］，

感謝您填寫我們的問卷。我們得到了超出預期的大量回應，而您的回答屬於其中最好的。現在我們需要選出 10 個人來參與我們最初幾輪的測試。我們將透過電話或 Skype 進行 5-10 分鐘的篩選訪談，我們很期待跟您談話並看看您是不是適合的測試人選。

這會很快速且方便的。請利用以下連結，在日曆內預約一個您方便的時間：＜預約工具的超連結＞

感謝您！我們很期待與您交談。

誠摯的 ［姓名和頭銜］

請務必將範例修改至符合你的計畫，適合你的執行情境和客戶情況。

5 － 10 分鐘，2 － 3 個問題

在一次快速訪談中，你會問一些關於你在篩選問卷內提及主題的進一步問題。你如何決定要問哪些問題？一個好的起點是從你的篩選問卷中浮現的回應模式開始——那些讓你感到驚訝、著迷、想知道更多的習慣、想法、信念和未滿足的需求。那些早期的線索會引導你走上一條可能支持或挑戰你的產品假設和珍愛的信念之路。無論哪種結果，在你探索早期市場和塑造你的想法時，對你來說都是一個很棒的消息。

為你的訪談留下半小時的間隔

即使你只會和他們說話 5 － 10 分鐘，也為每個訪談預留半小時的時間。這將為你提供你需要的靈活性，以因應延遲開始、技術故障排除以及訪談後和團隊進行匯報這些情況。相信我：你會很高興你這樣做了。

Erika Hall 談傾聽的藝術

Erika Hall 是 Mule Design 的共同創辦人，以及
《*Conversational Design*》、《*Just Enough Research*》的
書籍作者。

在和潛在客戶訪談時最重要該記住的事情是，保持
安靜。很多人覺得訪談就是詢問好的問題，並展現
出自己做為訪問者的技巧。但如果你找到的是正確
的人，你的工作就是別妨礙他、讓他說話。

不要太過度的擔心是否能問出正確的問題。讓沉默
發生。記住你想要學習你甚至可能沒有想過的事
情。

保持簡短和專業

與探索性訪談不同，快速訪談是高度專注且被設計來辨識出，某人是否可以成為有用的測試人員。如果你的問題很強大，你會在幾分鐘內知道你是否想進一步與這個人交談。保持簡短和專業；你會得到更好、更有用的資料。你應該離開訪談，並希望從你最好的受測者那聽到更多。

不要犯我犯過的錯誤——在訪談進展順利的時候延長時間。我曾經和一個特別期待產品的受測者進行了很棒的交談，直到他提到我們已經使用了 25 分鐘，而不是原先計畫的 10 分鐘。之後，他不再相信我將來會遵守時間限制。哎呀。我不會再犯這個錯誤了。

調整你的問題，最大限度地學習

快速訪談是練習輕量級迭代學習的好機會。在最初的幾次訪談中，你將很快了解哪些問題最具啟發性，哪些問題最沒用。不要害怕調整你的訪談腳本，把重點放在最好的問題上，並調整或拋棄其他問題。這就是這個技術的優點：你正在尋找浮現出來的模式和客戶洞察，而你在收集資料的方法上擁有自由和彈性。

找出超級粉絲的篩選問題

篩選訪談是獲得快速、有用資料的好方法，可以幫助你測試你的假設並設計正確的最簡可行產品（MVP）。以下是四個篩選問題，它們將幫助找出你的超級粉絲並揭示具可操作性的客戶洞察。

請帶我們了解你典型的一天。〔相關活動〕如何融入你的一天？

這個問題將幫助你評估他們的生活中是否有一個十分困擾的痛點，而這個痛點是你可以解決的。很多時候，人們會自願提供你想知道的細節。當他們這樣做時，請坐下來傾聽。用後續問題來引導他們是可以的，但只有當你需要知道某些具體的事情時才可以。例如，如果你打算使用特定平台進行原型設計，則可以詢問他們使用哪些設備、應用軟體和網站來進行那項活動，這些資訊可以幫助你決定，哪裡能接觸到你的早期市場。

你曾經嘗試過什麼解決方案來解決這個問題？結果怎麼樣？

我們知道，行動勝於言辭，而這個問題會將真正的早期採用者從群體內分離出來。在這裡你可以找出他已經採取了什麼行動來解決他們的問題或滿足他們的願望。對於糖尿病解決方案來說，你可以詢問有哪些可用於管理糖尿病的現有解決方案是他們已經嘗試過的，然後這些解決方案如何影響（或不影響）他們的生活。

你的解決方案是否產生幫助？如果這種方法的效果更好，生活會有什麼不同？

這個問題將幫助你評估他們未滿足的需求或願望，究竟有多大的強度和急迫性。他們的生活中真的有一個痛點是你可以協助的嗎？根據你的情況調整這個問題的內容。對於糖尿病解決方案來說，你會深入了解他們對現有方案的失望，以及這如何影響到他們的生活。

〔相關活動〕如何更好或更容易？少了什麼東西？

這個問題是結束訪談的好方法。他們對改進的願望是什麼？他們是否自願提出新想法？問問他們會改善什麼、又缺少了什麼、有什麼是可以更好的。

不是每個人都會這樣思考。有些人只是接受事物，而不自願提出改善建議。你想找到的人是，那些有想法、並希望成為能讓事情變得更好的一員。

與一位夥伴共同進行訪談

如果有必要，你可以一個人進行訪談，但如果你和一位夥伴或團隊一起進行的話，則會獲得更好的結果。在第一次訪談時，讓一個人提出問題，另一個人做筆記、並辨識浮現的模式。然後角色交換。換一個人來做筆記，然後一個新的人來進行訪談。這會讓你有許多對眼睛同時觀察有沒有浮現出的模式，從而產生更好的結果。另外，你將訓練你的團隊習慣這些節省時間的技術。

訪談者　　受訪者

記錄者

分析你的資料並選擇你的受測者

一旦你完成了訪談，與你的團隊聚在一起，並尋找浮現出的相關模式。一旦你對資料進行了梳理，你就會明白誰會成為好的測試人員。選擇能清楚表達完整答案的人——以及誰能代表你早期市場的重要部分。

使用我們先前提到的紅綠燈（紅色／黃色／綠色）方法來快速標記資料。要選出綠燈清單，問問自己：我是否渴望從這個人那裡聽到更多？我想知道她對我們產品的看法嗎？如果你迫不及待地想聽到更多，你已經找到了一個好的受測者。

Pley 的快速訪談

在 Pley 的綠燈清單中，充滿了急迫地想滿足孩子愛好樂高習慣的父母。

在我們的訪談中，我們進一步了解了在篩選問卷中觀察到的模式。我們匯集了一系列問題，並訪問這些家庭及孩子，經由 Skype 看到了家庭如何與電腦進行互動。

以下是我們提出的問題。

- 帶我們度過一個典型的家庭日常生活。樂高相關活動如何融入你的一天？你如何支持你孩子的樂高習慣？

- 你的孩子們使用樂高相關的網站或應用程式嗎？多久一次？在什麼時候？

- 你的樂高相關體驗的最高點和最低點是什麼？

- 這些經歷如何能更好 / 更容易 / 更快樂？你覺得少了什麼東西？如果你有魔杖，你會改變什麼？

我們從資料中學到的東西並不是我們希望聽到的：父母對另一個愛好者社群缺乏時間和興趣。這反駁了 Pley 的解決方案假設，所以我們深入挖掘，看看他們想要什麼。我們了解到，父母利用影片作為和善的保母，但擔心讓他們的孩子接觸到成人內容。這些身為父母的早期採用者想要創造性的教學影片，以幫助他們的孩子從每套出租品中獲得更多樂趣。

賓果！這個未滿足的客戶需求與 Pley 的關鍵成功指標有關：增加租賃期。我們給予關注，並且這些客戶洞察成為了 Pley 社群得以成功的最簡可行產品戰略核心。

工作表：快速訪談

現在輪到你了。準備好你要向綠燈受訪者詢問的問題。

生命中的一天

請帶我們了解你典型的一天。〔相關活動〕如何融入你的一天？

目前運作順利的有哪些

當你進行〔相關活動〕時，你會使用哪些〔網頁、手機應用程式、遊戲、服務〕？這個經驗的哪一部分對你有用處？你喜歡其中哪個部分？

比從前更好

你進行〔相關活動〕的這些經驗，可以如何更好、更容易或更滿意？其中缺少了什麼？或讓你感到困擾、沮喪的地方？如果你有魔杖，你會改變什麼？

後續問題

針對篩選問卷中的答覆提出後續問題，幫助你決定是否將受訪者歸類為綠燈。

訪談的速度阻礙

當你在執行和分析你的快速訪談時，注意以下這些速度阻礙。

速度阻礙 # 1：訪談時間過長

當你的受訪者特別期待你的產品時，你會很想要不斷的提問，那麼你就有可能超過訪談時間。為了讓你的訪問保持簡短和專業，**只專注在一些有揭示性的問題上**。你應該離開這次訪談，渴望在下一次聽到更多。

請記得，這些只是篩選訪談，你之後將會有充分的時間和你最終選出的測試人員進行更深入的交談。

速度阻礙 # 2：引導性問題扭曲了結果

這些探索訪談是關於理解習慣、需求和痛點的。不要推銷你的解決方案或詢問定價模型。它會讓訪談失焦並扭曲你的結果。

你的工作是**成為模式辨認的專家**。在梳理結果時，請尋找實際存在的模式，而不僅僅是你希望看到的那些。

速度阻礙 # 3：訪談者的主觀意識

當有人破壞或滔滔不絕的評論你的核心信念時，需要很好的自我控制才能不做出情緒性的反應。但如果你被情緒影響了，會導致你的資料嚴重扭曲、也讓實驗失敗。如果發生這種情況，請先原諒自己畢竟是人，然後嘗試成為一名記錄者和模式識別人員，並讓另一名團隊成員進行訪談。

當你在訪談客戶時，**想像自己是一個科學家，而不是銷售人員**。做一個彬彬有禮、冷靜和客觀的訪談者。不要讓你的情緒干擾了談話；給予你的受訪者空間，讓他們可以表達情緒、並主宰對話。你會因此收集到更多誠實和有用的資料。

第 5 章

將客戶洞察提煉成工作故事

工作故事讓你專注在動機和情境上。

Alan Klement
《*When Coffee and Kale Compete*》作者

恭喜！你已經了解了如何找到你的超級粉絲，並探索這些早期核心客戶的渴望及需求。現在是時候**將這些洞察應用於你的產品了**。

要做到這一點，你需要將你學到的內容整合成一個形式，讓你在進行設計決策時可以使用它。

用戶故事 ≠ 工作故事

在這個環節上，許多人絆倒了一下。通常，他們會將洞察轉變成與產品特徵直接相關的「用戶故事」（User stories）。

如果你曾在敏捷（Agile）環境中工作過，則你知道用戶故事通常最後會變成工程師對想要建構內容的描述。這會讓你實際建構出來的東西，和從超級粉絲嘴裡聽到的內容，有很大的落差。記住：**你還沒有開始建立功能**。你正在努力**了解核心客戶的需求、習慣和挫折**。

工作故事將洞察轉化為行動

有一種更好的方法可將你的關鍵洞察，轉化成你的產品團隊可以在設計時進行參考的形式。它們被稱為**工作故事（*job stories*）**。

我是從 Intercom 的 Paul Adams 那裡，第一次學習到工作故事的。Paul 和他的團隊根據 Clayton Christensen 等人提出的「待完成的工作」（JTBD，Jobs to Be Done）運動開發了這個概念。工作故事是一種特殊類型的客戶故事——從客戶的觀點中進行描述——按照以下顯示的格式。

工作故事

當［觸發點］－某件事發生：外部、內在、情境。

我想要［執行某個行動］－在一個更大目的中的小行為。

所以我可以［期望結果］－價值主張或收益。

與人物誌（personas）不同，工作故事是關注行動的。它們捕捉情境和動機，並將幫助你提煉出研究中獲得的洞察，並更好、更快地打造你的產品。

識別資料中的模式

要將你的客戶資料轉變成有用的洞察，首先要瀏覽資料、來識別出與你的產品有關的模式。特別是尋找：

- 已有的習慣

- 未滿足的需求

- 痛點

- 想法或建議

留意研究人員的偏見

研究人員的偏見（意即：尋求特定的結果）很難控制。如果你對產品理念充滿熱情，你的情緒可以輕易地接管和弄糟事情。這可能會扭曲你的分析並阻礙你尋求事實。

為了抵消這種自然趨勢，**請注意資料中的模式**，而不僅僅是你想要尋找及確認的部分。更好的是，讓幾個有不同情感投入程度的人也共同查看資料。如果你們都看到了相同的模式，這表示你正在成功對抗研究人員的偏見。

透過工作故事傳達關鍵洞察

一旦你從研究中識別出了關鍵的模式，就可以開始創造工作故事，來將這些洞察轉變成可採取行動的形式。

例如，在我們的 Happify 研究中，我們了解到，疲憊的媽媽們喜歡在忙完後瀏覽 Pinterest 上美麗的、逃避現實的圖片。

當我 送小孩到日托中心並回到家中有一些自己的時間時

我想要 欣賞美麗的圖片，主題是關於我渴望的家庭生活

所以我可以 感到受鼓舞，暫時從乏味的日常瑣事中脫離出來。

Paul Adams 談工作故事

Paul Adams 任職於經營客戶通訊的公司 Intercom，是一位設計師、研究人員及產品部門的 VP，工作地點在都柏林。

工作故事的竄紅是一場偶然。我們那時正在研究 *Clay Christensen* 的待完成工作理論（*jobs-to-be-done theory*），並嘗試將其應用於我們的工作中。我們想出了一個公式來描述某些東西應該如何運作：「當我想要＜動機＞，我想要進行＜行動＞，所以我可以＜期望結果＞」。舉例來說，「當我註冊一項服務，我想要自我介紹，所以我可以確保別人感覺我用心投入」。

那時我寫了一篇關於視覺設計的部落格文章，附上關於工作故事的附錄。人們就這樣用起了工作故事，做為務實的實用工具，並發現它很有幫助。

現在我們依然使用工作故事。我們會在計畫的早期階段使用它。然後我們在開發過程中使用它做為檢查。

工作故事讓我們保持誠實。

在我們的 Pley 研究中，我們發現擁有樂高迷孩子的父母，渴望沒有罪惡感的休息時間，並對 YouTube 的開放性質感到沮喪。

當我 想要在整天工作之後抓住幾分鐘休息一下

我想要 讓我對樂高著迷的孩子自己觀看影片

所以我可以 不帶愧疚感的放鬆一下，不需要擔心他接觸到不合適的內容。

在我們的時尚穿搭（*Covet Fashion*）研究中，我們注意到時尚女性喜歡與一位特殊的人：永遠的閨蜜或家庭成員，合作決定出席重要活動時的打扮。

當我 需要為重要活動打扮時

我想要 突襲好友的衣櫃，並得到她對我裝扮的建議

所以我可以 讓她幫忙打扮我，也讓我感到有自信。

注意情緒

所有這些工作故事都有一個共同點：將主角從情感弧線的其中一端提升到另外一端。在行為的觸發點上嵌入了一種隱含的情緒，並且在**期望的結果上也具有情緒成分**，告訴你這些客戶想要進入的狀態。

Happify 的媽媽 從 疲憊 轉為 平靜

透過把自己沉浸在美麗、逃避現實、鼓舞人心的圖片中。

Pley 的爸爸 從 內疚 轉為 輕鬆

透過讓他的孩子無人監督地觀看教育性質的樂高影片。

Covet 的時尚達人 從 緊張 轉為 自信

透過與親密的朋友或家人一起打扮,所以她可以對她的時尚選擇感到有自信。

情感弧線帶動客戶體驗

這些情感弧線帶動你的客戶的體驗,並提供令人愉快的客戶體驗的基礎。

利用情感吸引你的超級粉絲

- 開始時 先了解你的超級粉絲的習慣與沮喪。
- 寫出工作故事 呈現這些情緒與未滿足的需求。
- 設計你的產品 將情感弧線帶到滿意的結果。

搭載上現有的習慣

不要陷入一個常見的陷阱——認為你的創新產品會創造出新的習慣。如果你想被採用和長期使用,那麼搭載上現有的習慣會容易得多,會比要讓別人只為你的產品、建立出一個全新的習慣來得容易。

這就是你刷牙時使用牙線的原因:記住它更容易,並且這些動作組合成一個單一的習慣。

在你的研究過程中,**請特別留意,當受試者在談論與你的產品相關的現有習慣時**。每日的習慣很重要,但每週、每月甚至是季節性或年度性的習慣也都很重要。所有這些都可能成為推動長期參與的潛在因素。

習慣故事是特殊類型的工作故事,圍繞著現有習慣和未滿足的需求而建立的。這個強大的工具將幫助你發現可以提供顧客價值,和促進重複參與的絕佳機會。

每段故事都包含觸發點——也就是引發客戶進入習慣行為的線索和提示。正如我們前面所探討的,你的工作故事有一個情感弧線,引發弧線的就是這個觸發點。

Jesse Schell 談向客戶傾聽

Jesse Schell 是一位遊戲設計師及 Schell Games 的執行長
（Schell Games 是一間教育 / 娛樂遊戲的設計公司）。他
也是卡內基美隆大學娛樂科技中心的教授。

Pixie Hollow 是一個依據電影奇妙仙子（*Tinkerbell*）所
製作、給女孩們玩的大型多人遊戲，我記得當我們
創造它時，我們有一個完整的設計，我們感覺非常
好。我們說：「在我們進入任何製作之前，讓我們
和女孩們談談，看看她們對此感覺如何」。

我們沒有告訴女孩們「我們想要做的是什麼」。我
們只詢問非常簡單的問題，像是：「如果你是一個
仙女，你會做什麼？」我們以為我們知道答案，但
我們錯了。她們的答案是：飛行。

我們沒有考慮過飛行，因為我們一直專注於奇妙仙
子電影本身，其中飛行並不突出。我們馬上改變了
計畫。我們做到了，所以你在遊戲的每一秒都在飛
行。

早期的談話是非常重要的。

習慣故事從情境觸發開始

現在想想**情境觸發**（**situational triggers**）——過渡、儀式和事件，它們構成了你客戶的日常生活並出現在你的工作故事中。例如：

> **Happify** 的媽媽早上送完孩子之後回家，面對待清洗的髒碗盤。

> **Pley** 的父母下班回家，想和伴侶喝一杯。

> ***Covet*** 的時尚達人有一個相親即將來臨，希望她的朋友幫忙。

回想一下，找出資料中最相關的情境觸發。這將幫助你識別出習慣故事，幫助你設計引人入勝的專精旅程和學習循環（請參閱第三部分）。

將你的工作故事與客戶引用結合在一起

當你統整你的關鍵洞察時，你需要一個清晰、簡潔的方式來向你的團隊和利害關係人傳達你學到的內容。故事－引用的配對是統整你學到內容的好方法。要創造一個，請選擇一個包含了關鍵發現的工作故事，並使用受試者的角度（引用客戶的言論或改述）來描述它。

Happify 的媽媽早上送完孩子之後回家，面對待清洗的髒碗盤。

> 當我 送小孩到日托中心並回到家中有一些自己的時間時
> 我想要 欣賞美麗的圖片，主題是關於我渴望的家庭生活
> 所以我可以 感到受鼓舞，暫時從乏味的日常瑣事中脫離出來。

> 當我感到沮喪時，我喜歡瀏覽 *Pinterest*，並感到受鼓舞。

Pley 的父母下班回家，想和伴侶喝一杯。

> 當我 想要在整天工作之後抓住幾分鐘休息一下
> 我想要 讓我對樂高著迷的孩子自己觀看影片
> 所以我可以 不帶愧疚感的放鬆一下，不需要擔心他接觸到不合適的內容。

> 我希望有一個適合樂高愛好者的 *YouTube* 頻道，並且內容是家庭友善的。

Covet 的時尚達人有一個相親即將來臨，希望她的朋友幫忙。

當我 需要為重要活動打扮時

我想要 突襲好友的衣櫃，並得到她對我裝扮的建議

所以我可以 讓她幫忙打扮我，也讓我感到有自信。

Nancy 真是太棒了！她的腰帶與我的裝扮可以完美搭配。

工作故事是從問題空間到解法空間的橋梁

我希望你注意到這些工作故事的一些情況：他們**表達了問題和期望的結果，而沒有指定解決方案。**

這就是你所追求的。

工作故事為你提供了從問題空間到解法空間的橋梁。為了建立這座橋梁，**確保你由研究中導出的工作故事是在問題空間（problem space）表達出來**（即：你的客戶看到的世界），而不是你想要將他們帶入的解法空間（solution space）中。

我們將使用這個橋梁進入解法空間（第三部分），在那裡你將學習使用專精旅程、學習循環和社交行為矩陣來設計引人入勝的產品體驗。

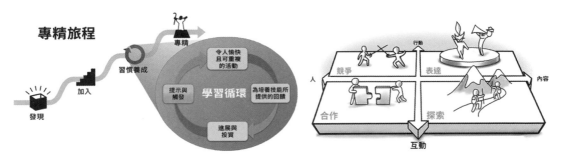

工作表：工作故事

現在輪到你了。總結你從訪談中獲得的客戶洞察，讓你的團隊為設計、打造及測試你的最簡可行產品做好準備。

既有習慣

早期客戶已經擁有哪些與你的產品相關的習慣？

哪些未滿足的需求或痛點與這些習慣有關？你的產品可以緩解哪些不適？

工作故事

透過以下列形式撰寫工作故事，捕捉客戶的需求、情感和動機：當〔觸發點〕，我想要〔執行某個行動〕，所以我可以〔期望結果〕。

既有觸發

注意已經存在於早期客戶生活中的內部和情境觸發。有什麼情緒或衝動可以促使客戶尋找你的產品？

什麼樣的過渡、家務、活動或儀式可以促使客戶回到你的產品？

客戶引用

用客戶引用來說明你在研究中得到最有希望的發現——某人實際上說過的東西，或綜合資料中發現的模式。將每個客戶引用與對應的工作或習慣故事進行配對。

工作故事的速度阻礙

當你在提煉客戶洞察時，請注意沿途的這些速度阻礙。

速度阻礙 # 1：過分依賴人物誌

人物誌（personas）是設計世界的基礎元素，可以是有用的。然而，在早期的產品開發過程中，人物誌可能會讓你放慢腳步，特別是當你嘗試在專注於你的最簡可行產品（MVP）上時。

嘗試使用工作故事替代或增補人物誌，**來幫助你的團隊專注於動機和情境**——而不是人口統計和執行面。

速度阻礙 # 2：研究人員偏見

你需要很好的自我控制來吸收那些與你自己的偏見產生抵觸的回饋意見，即使你嘗試獲得最可靠和有用的資料。你不需要先進的模式辨識超能力。你只需要看看那裡真的存在的東西。

以客觀、開放的心態和誠實來面對資料中告訴你的事。如果你發現要做到這樣具有挑戰性的話，請讓其他人也來分析資料、並與你的結果相比較，特別是找那些公正、不受結果影響的人。

速度阻礙 # 3：沒有現有的習慣可以搭載

如果你的早期研究顯示，沒有令人信服的習慣故事，你仍然可以收集關於客戶需求的工作故事。然而，要建立人們經常使用的東西很困難，除非你能找到一個現有的、持續的習慣來搭載上去。

如果你的產品不依賴於習慣性的參與，那你就沒有問題了。但如果你的產品需要依賴，你可以選擇：**嘗試用你的產品建立一個新的習慣（困難但可行）**或找到一組不同的早期客戶，他們擁有一個你可以搭載上去的現有習慣。

第三部分
設計

設計不僅僅是它的外觀和感覺。設計就是它如何運作。

賈伯斯（*Steve Jobs*）

現在你已經探索了問題空間（problem space）並統整了你的客戶洞察，現在是時候進入解法空間（solution space）並設計你的產品體驗。

在本部分中，你將學習如何制訂一段引人入勝的體驗。你將學習一個功能強大的框架，用於描繪出一段專精的旅程，它是可以隨著你的客戶變得更加熟練而進展的。你將學會透過搭載上客戶現有的習慣，來增加吸引力並建立參與度。你會了解到，為什麼最好的最簡可行產品（MVP）通常是一個 21 天的學習循環。

這個框架將幫助你像遊戲設計師一樣構建你的最簡可行產品，並在核心的產品體驗中「找到樂趣」。而在第四部分：測試，你將利用這些設計決策，並決定如何將你的願景化為現實，並測試你的假設。

第 6 章

描繪專精旅程

升級你的用戶，不是你的產品 —— 讓人們變得更好，在他們想要變得更好的事情上。

Kathy Sierra
深入淺出系列書籍創辦人

你 已經將獲得的客戶洞察統整到工作故事中，現在是時候深入了解產品設計了。在本章中，你將學習如何利用我們人類與生俱來、追求進步和專精的內在驅動力，並將其轉化為產品設計。

專精旅程這個工具基於持久客戶體驗的四個階段。使用此工具，你將勾勒出一種產品體驗，幫助你的客戶在他們關心的事情上變得更好——超過 30 天、60 天、並持續下去。

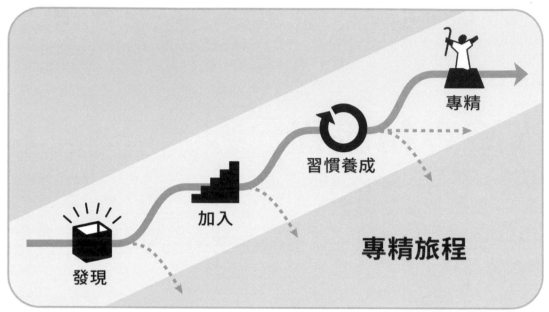

發現階段
訪客發現你的產品，形成一種印象，並決定他們是否想要進一步了解。

加入階段
新手邁出第一步，學習規則，並開始從經驗中獲得價值。

習慣養成階段
常客在迴圈式的循環中重複參與，獲得他們想要的核心價值。

專精階段
專家已掌握了需要的技能、成為系統中的專家，並準備好迎接更多。

從客戶到英雄

我們從自我決定論（self-determination theory）中了解到，**人們會受有意義的進展所激勵**。當你玩遊戲時，你會獲得技能和知識，為你將迎接的更大挑戰做好準備。用講故事的術語來說，這是一個經典的**英雄旅程（hero's journey）**。

以產品設計的術語來說，你將帶領你的客戶進行一趟**學習之旅**，並以某種方式改變他們。**你的客戶是他們自己故事中的英雄**——這個故事在他們腦海中開展，關於他們將透過使用你的產品成為誰。這個故事的內容是如何？它如何展開？

你所建立出的專精旅程可以回答這個問題。

一個連貫和令人滿意的整體

在精心設計的遊戲中，體驗的每個階段都與其他部分連結在一起，並且各個元素結合在一起形成一個連貫和令人滿意的整體。你可以在風之旅人（*Journey*）中看到這種展開，它是一款擁有情感吸引力的家用主機遊戲。

在這款遊戲前期，你會學習如何走路、跳躍和飛行，並發現你的目標是「朝著光前進」。一路上遇到障礙、解決難題、發現一些背景故事，並在沙漠裡遇到其他玩家。完成遊戲後，你被獎勵了一個曖昧卻令人難忘的結局，然後再被邀請重玩遊戲，這樣你就可以透過幫助新玩家來發揮你所獲得的新知識。

風之旅人創造了強烈的場景感受，並在重玩時展現出不同的體驗層次。依照現代的遊戲標準，它很簡短——你可以在 2－4 小時內完成這款遊戲。然而，第一次玩和重玩時，都是一個非常令人滿足和強大的體驗。為什麼呢？因為你從新手到專家的轉變過程，都是以敘事藝術的方式展開的，並且為你的想像力也留下了足夠的發想空間。

我們無法都創造出風之旅人水準的遊戲體驗，但我們可以從偉大遊戲的藝術性中獲得靈感。**專精旅程這個工具，旨在幫助你創建一個不斷展開的體驗，並成為一個連貫和令人滿意的整體。**

那麼，無論你是否在製作遊戲，你如何創造出有意義的進展並使你的客戶成為英雄呢？

技能、知識和關係

首先要辨識出客戶正在發展的技能、正在獲取的知識、以及他們與你的產品互動時所建立的關係。技能、知識和關係，每項都是個人蛻變的潛在來源。

以下這些問題將幫助你奠定基礎，打造可以吸引客戶數週、數月甚至數年的體驗。問問你自己：

- 我的客戶可以在他們關心的哪些方面做得更好？
- 隨著時間的推移，客戶會在與我產品的互動中發展出什麼技能？
- 他們正在改進什麼指標，以及這個指標對他們有何意義？
- 隨著他們的進步，將有哪些新的權力、權限和特權會被開啟？

例如，在 Happify 的發展早期，我們專注於那些離開了職場並很積極改善自己情緒和整體健康的媽媽們。我們的目標是教給她們，經過科學驗證、可以提升幸福感的活動。

© 2018 Happify, happify.com

表面上看來，這些客戶想要經由感到開心來讓自己變得更好。深入挖掘時，她們真正想要的是一種簡單、方便的方式，來提升自己的心情──無論是在當下，還是更長的期間。為了實現這個目標，我們需要幫助她們形成並堅持「幸福習慣」，以使她們可以從這些已證實的活動中獲得長期益處。這就是我們所做的，利用專精旅程來引導我們。

現在輪到你來學習這個系統，並從頭開始為你的產品建立深度參與的吸引力。

發現階段是針對「訪客」

你永遠不會有第二次機會留下第一印象。你的產品體驗始於發現階段（discovery）——這是當訪客第一次透過朋友、社交媒體或廣告聽到你的產品的時刻。這也是最初的期待被設下的時刻，某人可能會被產品的想法和價值主張吸引（「聽起來值得嘗試看看」）或排斥它（「不適合我，跳過」）。

要使發現階段有效，發展出關於你產品的核心經驗和價值主張的明確信息非常重要。你的目標是吸引到合適的人，並篩選掉不適合、不需要、或不想要你產品的人。

你越了解自己是為了誰而設計的，你的發現階段信息和傳遞管道就會越符合你的目標。

有時候，你的客戶會透過口耳之傳，來表達自己對你的價值主張的看法。如果你的產品兌現承諾，這是個好消息。例如，當我去海外的時候，有幾個朋友告訴我可以試試看 Duolingo 這個應用程式來學習一種新語言。我決定閱讀應用程式商店（App Store）的描述和評論——它證實了產品的價值主張和整體的卓越性，所以我下載了它。

寫出你的發現階段故事

訪客對適不適合自己感興趣。他們想知道：這是適合我的嗎？這值得我付出時間嗎？它幫我解決了什麼問題？你的發現階段故事（discovery story）應該從訪客的角度回答這些問題。

使用這個範本來編寫一個發現階段故事，內容應涵蓋：在你的假想中，早期市場會如何發現、評估和思考你的產品。

> ### 發現階段故事
>
> 當我 第一次聽到這個產品
> 我想要 了解它的核心價值主張（它對我有什麼幫助）
> 所以我可以 決定是否值得花時間進一步了解。

如果你有一個以上的發現階段故事的想法，太棒了！把它們記下來。你的工作是**闡明你的假設**，然後收集數據來更新和改進它們。

加入階段是為了新手

加入階段（onboarding）是訪客轉變成新手的地方。將加入階段想像成「學習基礎能力」，這些參與者已經進行了註冊，並渴望從經驗中獲得價值。良好的加入階段會邀請他們進入、讓他們投入，並幫助學習他們規則。

你的加入階段需要什麼樣的形式？這取決於你的產品、定位和目標。你可以像 Duolingo 一樣簡潔扼要的介紹，並讓人們快速進入到體驗中。

或者，你可以像 Lumosity，它是一個大腦訓練服務，在加入階段透過對話方式來了解你的表現目標和目前的健康習慣，然後再介紹會使用到你的感官和認知系統的遊戲。

編寫你的加入階段故事

有效的加入階段會幫助客戶獲取知識並建立自己的技能。它還設定了對即將到來事物的期望。新手可能會想知道：

- 在這裡事情是如何運作的？
- 我如何學習規則並開始獲得價值？
- 這對我有什麼用？我為什麼要投入我的時間？

你的加入階段故事應該回答這些問題。以下是範本。

加入階段故事

當我 第一次進入系統內
我想要 感到受歡迎、學習規則，並達成簡單的目標
所以我可以 快速從經驗中獲得價值。

如果你知道你的早期採用者在尋找什麼，你可以寫出一個可靠的加入階段故事。如果你不確定，請勾畫出一個能夠表達你最佳猜想的故事。在任何一種情況下，你都會有一個假設，你可以用來對實際客戶進行驗證並優化。

建立習慣階段是針對常客

將經歷轉化為習慣需要做些什麼？對我們每個人來說，答案都是非常個人化的。當遊戲、應用程式和服務符合我們的甜蜜點（sweet spot）時，我們會成為它的習慣用戶，而那甜蜜點可能與機會、滿足需求和社會情境有關。

例如，在工作之餘，我使用 Twitter 當作我在茶水間閒聊，因為這種習慣符合我的需求和生活方式，並且可以幫助我與世界各地的合作者保持聯繫。與我的女兒相比，她使用 Musical.ly 與她的朋友分享對嘴的影片。每種產品都為某些人帶來了強大的習慣——而對其他人則沒有。

使用基於產品的習慣故事將新手變成常客

你如何將一個新手變成常客？透過建立出一個吸引人的習慣。這可能涉及觀看更新情形、迎接新的挑戰或加深個人關係。現在是時候想像你的核心產品習慣可能是什麼。要做到這一點，你需要撰寫一份描述使用產品時的儀式，**基於產品的習慣故事**。這個故事涉及多次進行一個有吸引力的活動，並從中獲得滿足感，讓你不斷被吸引回來。

從你的研究中識別出有潛力的洞察

首先從你的研究中識別出有潛力的習慣故事。問問自己：

- 哪些現有的需求和 / 或習慣可能會促使顧客使用我的產品？

- 他們透過使用我的產品建構出什麼技能或能力？

- 如果沒有那種技能，會不會產生不確定感或焦慮？

回答這些問題將幫助你創造出一個可以不斷吸引客戶再度參與的體驗。以下有幾個習慣故事的範本可以幫助你開始。

Sam Hulick 談提升使用者技能

Sam Hulick 是一位使用者加入階段的專家，管理著 *useronboard.com*，他在網站裡解構了熱門應用程式和服務的初期體驗。

> *Daniel Cook* 的談話和文章向我顯示了產品設計和遊戲設計的重疊之處。遊戲幫助使用者在虛擬世界裡提升技能，而產品則幫助使用者在真實世界裡提升技能。
>
> 當你將產品設計視為提升使用者技能和促進成就時，你就利用了人們自然的動機及投入在體驗時的能量，並讓它成為你的優勢。若不這麼做，你就是在誘導人們走向與他們想要做的事情不一致的事上。

> ## 習慣故事範本 1
>
> **當我** 規律性地登入到產品內時
>
> **我想要** 看到新鮮的內容／活動／挑戰／配對／人
>
> **所以我可以** 獲得滿足。即：我想要的結果。

> ## 習慣故事範本 2
>
> **當我** 規律性地使用這個產品
>
> **我想要** 獲得更好、更個人化的推薦和內容
>
> **所以我可以** 從我的時間投資中獲得更多價值。

搭載上現有的習慣

圍繞現有習慣來設計產品體驗,是提升客戶使用和採用最可靠的方法。

例如,Pley 的客戶研究顯示,孩子們每晚都有觀看影片的習慣,加上家長們也需要一個能提供值得信賴的、家庭友善內容的來源。這種洞察促成了團隊產品戰略的一個軸轉點,並且幫助他們避免了打造出沒人想要或需要的東西。

> **當我** 想要在整天工作之後抓住幾分鐘休息一下
>
> **我想要** 讓我對樂高著迷的孩子自己觀看影片
>
> **所以我可以** 不帶愧疚感的放鬆一下,不需要擔心他接觸到不合適的內容。

Happify 的研究顯示，媽媽在送孩子上學之後，每天都會瀏覽 Pinterest 的習慣。這種洞察促使我們做了一個使用者體驗上的轉變，從等軸的遊戲顯示風格變成簡單的 Pinterest 風格的每日內容，其中充滿了美麗、鼓舞人心的圖像。

> 當我 送小孩到日托中心並回到家中有一些自己的時間時
>
> 我想要 欣賞美麗的圖片，主題是關於我渴望的家庭生活
>
> 所以我可以 感到受鼓舞，暫時從乏味的日常瑣事中脫離出來。

專精階段是為了「專家」

每年，我們的家庭會到加拿大的卡扎德羅（Cazadero），參加在那裡舉辦的家庭表演藝術營，這個營隊一般被稱為卡茲（Caz）。在這個神奇的一週，我們離開我們每日的日常生活，在營地裡變成不同的自我。

在那裡，我是「貝斯手 AJ」，在樹林裡跋涉，拖著我的音箱和我心愛的 Tobias Killer B 低音吉他，非常樂意在福音、放克和嘻哈音樂課中彈奏低音部分。

沉浸在一個替代的、簡化的現實中

去卡茲（Caz）讓我想起了我對遊戲的喜愛：那種沉浸在一個替代的、簡化的現實中的感覺，一個你可以從日常生活中逃離的去處。我在玩許許多多遊戲時都有過這種感覺，但是在玩大型的多人線上遊戲（MMO）時感受最深。就像每一個偉大又年年舉辦的夏令營一樣，大型的多人線上遊戲已經弄清楚了，如何保留住玩家的長期參與熱忱。

* 在**發現階段（discovery）**中，你會聽到人們有過的奇妙體驗，通常是從朋友那邊聽來的，它聽起來是一個你會想要參與進來的世界。

* 一旦你進入了，你會很開心、並在**加入階段（onboarding）**學習基本規則，參加專為新手設計的結構化活動。

- 你不斷返回這個世界並養成**習慣**，因為你建立了關係、與其他人合作完成目標，並發現在你的技能提升時，也隨著出現更大的挑戰和學習機會。
- 如果你深入並**專精整個系統**，新的身分將出現，讓你可以獲得更高的地位、獎勵和對社群的影響。

領導力和影響力的新機會

角色蛻變非常吸引人，當達到專精時，也會開啟在領導力和影響力方面的新機會。我喜歡卡茲的一件事就是看著孩子們成長為年輕人，露營者成長為員工。例如，我的朋友 Sarah Myers 最初是一名露營者，現在則教授一門流行的鑲嵌（mosaic）課程。

像所有運行良好的夏令營一樣，有很多方法可以從中偷學並為體驗做出貢獻。在卡茲，擁有藝術天份的露營者，像 Sarah 這樣的人常常轉變成教師、工作人員和志願者。去年，在參加了 6 年之後，我有了自己的升級時刻：我的爵士樂老師 Larry 讓我在他早上的嘻哈（Hip Hop）課上，坐下來提供一個穩定而強勁的節奏。我很高興能這樣做，因為這意味著他把我帶到幕後，並指望我成為一名演奏夥伴。

專精階段提供內在動機

我們從自我決定論和我們自己的經驗知道，勝任和專精會讓我們感到深刻的、內在的滿足。我們也知道專精並不容易。它需要努力和自我蛻變。這也就是它能帶來意義和滿足的原因。

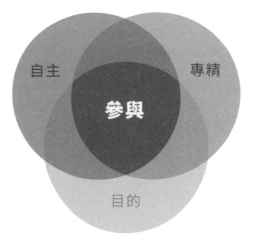

遊戲可以滿足我們想要在某些事情上變得更好的願望。它們為我們提供了一個替代的、簡化的現實，一個微觀的世界，在那裡我們可以沉浸其中、學習邊界、掌握規則且明顯提升我們的技能。

即使我們在現實中感到低潮時，一款好的遊戲也能讓我們感覺聰明又有能力。與現實生活的起伏相反，正確的遊戲能夠可靠地獎勵我們的專注投入。

專精勝於看到進度

許多非遊戲設計師後來都明白了這一點，在他們熱切地採用積分、徽章、排行榜和評分系統來追蹤和獎勵進度之後。他們很快就發現到每個遊戲設計師都知道的事情：**單單只有數字無法賦予意義。**

要創造迷人的專精系統，你需要情境、挑戰和角色蛻變。想想看*魔獸世界*（*World of Warcraft*），它激勵玩家的魔力不是來自於積分、等級或里程碑，那些只是鷹架，就像蓋房子時用的那些，只是輔助。魔獸世界的迷人原因來自於，你自己告訴自己的故事、你所發展出的技能和關係，以及你獲得新的力量並迎接新的身分和挑戰。對於那些已經獲得成就的人來說，沒有比扮演一個新的、具有挑戰性的身分更能激勵他們的事了。

在遊戲之外，Slack 就是一個很好的例子。Slack 沒有使用許許多多參與度崇拜者常用的那些遊戲機制工具，但它營造出來的邁向專精的途徑卻非常有效。它的運作圍繞著自訂和整合到應用程式介面（API）上。更好地使用 Slack 的方法是讓它變得更加符合自己，並且像在遊戲中一樣承擔更大的挑戰。當你在自訂 Slack 並啟動自己的頻道、編寫機器人程式、並將你的產品整合到 Slack 的應用程式介面（API）時，你正在 Slack 所繪製的旅程上邁向專精。

給你最好的客戶一個「長老遊戲」

並不是每個人都需要體驗這個境界，但那些想要深入的人可以透過更多的學習來獲得更大的影響力。如果你想知道它的名字？就叫它長老遊戲（elder game）吧。

想像一下，你是一個運作良好、理想化的夏令營內的經理，這個夏令營秘密地是一個角色扮演遊戲，提供學習和專精的機會。你如何用遊戲的語言來描述基本的露營者角色、規則和目標呢？

- **露營者**可以參與選定的活動、培養技能和角色。

- **工作人員**（遊戲主持者、輔導員、教師）可以幫助露營者們發展他們的技能，發現他們的熱情、化解糾紛，並度過愉快的時光。

- **規則**（玩得開心、互相尊重、不打擾別人的樂趣）要清楚、明確、容易理解。違反規定的人不能參與遊戲。

- **露營者的目標**是玩得開心、發展自己的技能和角色。

- **工作人員的目標**是創造露營者會想要重返的體驗。

一些露營者來了一兩次，然後決定這並不適合他們。其他人——讓我們稱他們為常客——熱愛這些經驗並且年復一年地回來。他們投入、專注、有時甚至有點瘋狂。他們發展他們的才能、專精一項活動，並最大化他們的學習機會。以遊戲的語言來說，他們到達等級上限了。

這時就需要長老遊戲出現了。它提供了一種新型態的、經過努力而得來的挑戰或活動，這些挑戰或活動在較低等級時是無法被取得的。在我們理想的夏令營中，長老遊戲會幫助營隊的進行，無論是作為工作人員還是志願者。熱情的露營者有機會升級並成為他們心愛營隊的顧問或老師。

創造新身分，讚揚獲得的技能和知識

更重要的是，專家想炫耀他們得之不易的技能和知識。根據遊戲的不同，你可能會創建一個或多個長老遊戲的角色身分：

- **冠軍**（**Champions**）發展他們的天賦、才能並成為明星和當地名流。

- **教師**（**Teachers**）創造並執行計畫和課程，以幫助他們的學生學習。

- **迎賓者**（**Greeters**）幫助新來者感受到歡迎，並回答他們的問題。

- **導師**（**Mentors**）選擇有潛力的新人並分享知識和資源。

- **遊戲主持者**（**Game masters**）維持營隊運作並解決爭端。

- **策展人**（**Curators**）聚焦在卓越上，評判比賽、創造播放清單，安排節目。

要為你的社群選擇正確的長老遊戲角色，請自問：

- 專家積累了哪些技能、知識和關係？

- 專家要求什麼樣的角色？他們渴望做什麼？

- 社群工作人員目前做的事情，哪些可以由專家處理？

你怎樣讓你的專家保持投入並維持開心？這些問題的答案會指引你。如果你還沒有任何專家，不用擔心。對你來說長老遊戲還太早了，可以晚一點再開始。

創造一個「永久循環」以維持高階玩家的參與

一旦你確定了長老遊戲中的角色，你就可以接著打造出一個大師級的學習循環（請參閱下一章），這個循環擁有無限期吸引住玩家的潛力。請確保你用來驅動循環的這些核心活動（及相關內容），對於這些高階玩家來說是具有吸引力、並能持續的。

出於必要和創意，天堂（早期的韓國大型多人線上遊戲）開發了「奪旗」方式的長老遊戲。高水準的玩家聚在一起，得到參與一種獨特行動的權力，他們可以突襲鄰近的村莊，獲得神奇的聖杯，然後從村民那裡徵稅。

如果一個團隊設法做到了這一點，那麼它自己的城堡就會變得脆弱，從而掀起一種「我會討回來的」的友善競爭，就像精彩的體育比賽和遊戲競技一樣。

賦予專家真正的影響力

當英雄聯盟（*League of Legends*）裡玩家的負面行為泛濫，並需要增強玩家的管理措施時，它創建了法庭（Tribunal），受信任的玩家有權進行濫用報告的分類，並解決簡單問題。這些玩家是保障內部客戶支持的第一道防線。他們可以在角色身分間進行切換，這樣的方式為這些專家們創出了一個永久的循環，享受擔任法官和陪審團的感受。

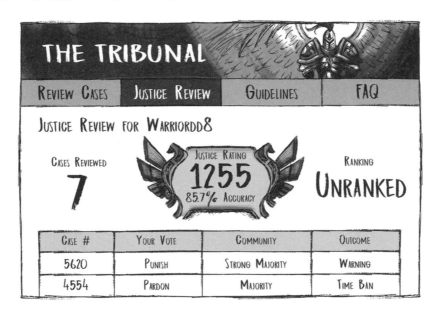

對於玩家的投入來說，能得到的最迷人獎勵是影響力——而不是飾品。如果你正在開發一個以社群為基礎的產業，那麼就要弄清楚如何激勵熱情的客戶，並賦予他們一個在系統中有意義的角色，這樣的角色擁有潛能，能讓他們的情緒狀態從「超越」轉變為「融入其中」。

寫一個引人入勝的專精故事

你已經明白了專精是如何運作的，現在是時候依你的情況寫出一篇專精故事（mastery story）了。想像一下，你最有才華的忠誠客戶可能需要什麼類型的體驗。有些人想要具有社群影響力；其他人更關心獎勵、地位、使用權或扮演一個全新的角色。以下是一個專精故事的模板。

與超級粉絲共同創出專精系統

在目前這個階段,你不會確切知道你的專精系統會是什麼樣子。儘管如此,請繼續前進並寫下你的假設,也就是在你的系統中,我們所談的專精可能會是什麼形式。問問自己:**什麼會激勵我最好的客戶持續下去?** 但你還不要花太多時間在這上面,因為在早期,你需要關注如何成功打造出你的核心學習循環(請參閱第 7 章)。

一旦你與超級粉絲建立連結,你就可以利用從他們身上得來的洞察,來改進你的假設並建立你的專精系統——就像我所參與製作過的那些熱門遊戲一樣(詳見前言)。

例如**搖滾樂團**(*Rock Band*),我們早期的超級粉絲是節奏-動作遊戲玩家,他們願意在午餐時間,一週復一週的,到我們的辦公室裡來,玩我們遊戲的早期版本。我們透過他們的回饋,測試並調整了我們的專精系統,並經歷許多次的迭代修正,而我們後來的主流客戶從未經歷過這些。

工作表：專精旅程

現在輪到你了。回答這些問題來描繪出你客戶的完整體驗。

從客戶洞察開始

從你的客戶研究中列出最具相關性的工作和習慣故事。

給訪客的發現階段故事

寫下一個發現階段的工作故事，想像一下客戶第一次聽到你的產品時是如何：

當我〔第一次聽到或發現這個產品〕，

我想要〔快速了解對我而言的核心價值〕

所以我可以〔馬上判斷是否適合我、是否值得進一步了解〕

給新手的加入階段故事

寫下一個加入階段的工作故事，想像一下當潛在的客戶第一次使用你的產品時，他們會如何感覺、他們想要什麼？

當我〔加入服務 / 在應用程式中註冊 / 嘗試產品〕，

我想要〔感到受歡迎並學習規則〕

所以我可以〔感到自信，並迅速從經驗中獲得價值〕。

給常客的習慣故事

寫下一個習慣故事，內容是關於你客戶第 21 天或第 30 天的產品體驗（也就是在他們學習完規則之後），這將捕捉住是什麼會讓客戶不斷回到體驗之中。

當我〔規律性地來到這裡，例如：連續 4 週的每日體驗〕，

我想要〔新鮮的內容、活動或挑戰〕

所以我可以〔快速的滿足我想要追求的〕。

給專家的專精故事

寫下一個專精階段的工作故事，內容是關於已使用產品多週的專家的體驗。你可以提供他們什麼經驗／權力／獎勵／身分？來讚揚他們在你的系統中培養出的技能、關係和知識。

當我〔努力在系統內達到專精〕，

我想要〔獲得解鎖、權力、使用權、地位、身分〕

所以我可以〔保持參與／擁有影響力／展現我所獲得的技能、知識和關係〕。

專精旅程的速度阻礙

當你在打造客戶邁向專精的旅程時，不要讓這些速度阻礙讓你放慢腳步。

速度阻礙＃1：來自早期客戶的回饋不足

來自內部團隊、投資者和朋友的回饋意見，可能會扭曲你的想法。這些人不是你的早期市場。你需要的回饋意見來自於不認識你的人。小心：你可能正在打造一個脆弱又不切實際的計畫，並限制了你的成長。

花時間找到真正的早期採用者並從他們身上學習。確保你是與正確的對象一同測試產品的價值主張。如果你的招募管道行不通，請解決問題並再試一次。

速度阻礙＃2：不支持技能培養

如果你的產品很膚淺或不重要，那麼要創造一個吸引人的客戶旅程可能很難。如果沒有角色蛻變和技能培養，你就無法設計出一個吸引人的提升路徑。如果沒有這些，那麼旅程就不那麼令人滿意，而且客戶也容易離開。

你需要**創造一個可以長期驅動客戶價值的系統**。從一開始就建立和調整你的核心價值構建系統的簡單版本。

速度阻礙＃3：不是一個連貫的體驗

寫工作故事將幫助你從客戶的角度思考產品的連串體驗。如果你的故事分散或不一致，那就表示你需要回到前幾個步驟並重新思考體驗。

要創造一個深入且吸引人的體驗，**請將你的敘述收斂成一個引人注目的客戶旅程**。看看你能不能將工作故事寫成一個連貫的整體。當你收集到新的客戶洞察時，重新審視你的故事以改進你的理解，並專注於對客戶最重要的部分。

第 7 章

設計學習循環

在一個循環中，你正在學習技能垶更新你的心智模型。
那就是能讓玩家感到高興的原因。

Dan Cook
失落的花園（*Lost Garden*）部落格作者

我記得那次不好的感覺，在看到一個聰明的企業家在加入階段被迷惑，就像聽到海妖的歌曲一樣。不聽從我的建議，他創造並發布了一個美麗的、精彩的加入階段體驗，讓使用者進入系統並「看看會發生什麼」，但在系統裡並沒有能讓使用者定期返回的理由。

毫不意外地，那個應用程式不斷流失使用者，在下載並試用後幾乎沒有人留下來。程式開發人員在產品內的發現階段和加入階段做得很好，但沒有投注在發展習慣養成（habit-building）這個階段的體驗。

在熱門遊戲中尋找樂趣的來源

熱門遊戲的製作者與那些立意良善的企業家有什麼不同？

搖滾樂團的製作團隊在一開始執行計畫時，透過一次又一次地調整遊玩單首歌曲的核心動態，並測試許多不同的回饋系統，直到它感覺像在樂隊中演奏一樣。

模擬市民的團隊花費數月的時間建立原始模擬原型，以測試不同版本的核心遊戲體驗——其中許多是死路一條。

時尚穿搭的團隊透過迭代測試讓他們的合作遊戲得以實現——最終結果與我們原先想像的完全不同。

修補、製作原型和遊戲測試

所有這些成功的創新都是在**修補、製作原型和遊戲測試的這些實驗階段拉開序幕**。偉大的遊戲和產品並沒有完全預先設計好，它們是透過製作原型進展到實體，透過迭代和調整而得以實現。

最好的產品領導者通過不懈地測試和調整他們的想法，發現什麼是有效的。在遊戲中，我們稱之為「尋找樂趣」和「範疇」（scope）。在精實／敏捷中，我們稱之為「客戶開發」和「驗證假設」。

所有這些術語都指向相同的基本活動：進行實驗來測試和調整你的產品理念和價值主張。這意味著你需要選擇客戶旅程中的特定部分來開始原型製作和測試。

什麼是學習循環？

我所知道的最成功的產品創造者，總是透過
建構、迭代和調整核心活動鏈，也就是我稱
為核心學習循環的方法，來啟動一個新計
畫。一旦這個循環運作良好，他們再開始加
入更多功能和修飾。如果你想模仿成功的創
新者，這就是你從頭開始建立顧客參與度的
方式。

那麼，究竟什麼是學習循環？

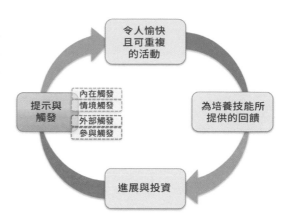

它是登陸頁面嗎？

你可能會想：「嘿，等等。為什麼我應該投入在建立整個循環？最好的最簡可行產品
（MVP）不就是一個假裝的登陸頁面（fake landing page）嗎？」

並不全然是這樣的。假登陸頁面可以測試你的行銷信息。但它不會告訴你關於你產品體驗的
任何資訊。在遊戲思維的用語裡，你是在測試客戶旅程中的發現階段。當你將一個吸引參與
的想法付諸實現時，你需要測試的是習慣養成階段（habit-building），以及將你的核心價值
嵌入在你要提供的可重複的、令人愉快的活動中。

它是一個習慣循環嗎？

習慣循環（habit loop），如普遍引用的，是圍繞提示、慣例和獎勵所建立的操作性制約循環（operant conditioning loop）。雖然它看起來像一個誘人的解決方案，但操作制約的方式只會給你一個短暫的提升，而永遠不會導致玩家高興、深度學習或真正的長期參與。

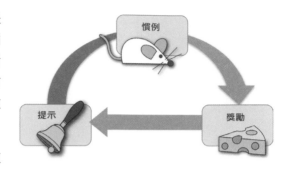

為此，你需要技能培養（skill-building），這正是在習慣循環中欠缺的。

技能培養引發再度參與

雖然操作制約循環專注於塑造行為，但學習循環的重點在於賦權，幫助你的客戶在他們關心的事情上變得更好。學習循環具有：

- 帶有內在觸發的可重複的、愉快的活動。

- 擁有回饋機制，來推動學習和技能培養。

- 進展（進步）和投資，並有再度參與的觸發（reengagement triggers）。

在搖滾樂團（或演奏真實樂器時），學習循環元素是：

- 演奏音樂是一項可重複的、愉悅的活動，由內在想要演奏音樂的渴望所觸發，亦包含了想要精進自己演奏技巧的動機。

- 來自於聽眾、共同演奏者和老師提供的回饋，促進了學習和進步。

- 在樂器、練習和技巧方面的進展和投資，並觸發你繼續演奏和變得更好。

在像部落衝突（*Clash of Clans*）這樣的戰略遊戲中，循環系統可能會變得更加複雜。這個遊戲有一個巢狀的循環結構，圍繞著建設和訓練部隊、收集資源，並與敵人作戰。

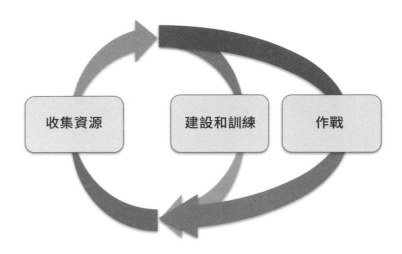

不要讓這個嚇著你。這並不總是如此複雜。一些高效的遊戲循環只有少量的活動在共同運作，就提供了豐富和令人滿意的體驗。

例如，寶石方塊（*Bejeweled*）的學習循環非常簡單：解決三個相同方塊的配對謎題（一個可重複的、愉快的活動和簡單的回饋機制）來升級（進展）並獲得新的權力（投資）。

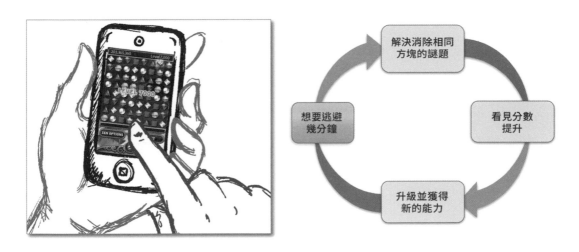

Mike Sellers 談系統性思考

Mike 是一位遊戲設計師,參與了 *Meridian 59* 的設計,那是最早的圖形化大型多人線上遊戲。他目前在印第安納大學教授遊戲設計。

系統性思考對於 21 世紀來說就像識字之於 20 世紀。在 20 世紀初,你可以不必閱讀或寫作。但最終它成為了生活在我們社會中的必備能力。

大多數人不了解系統性思考是什麼。但事實是,在 21 世紀你需要它才能有效運作。遊戲為我們提供了一種強大的方式來模擬和學習系統,像是氣候變遷和全球經濟。

以非遊戲情境為例，快照聊天（SnapChat）開發了一個引人入勝的學習循環，其中包含簡單的回饋機制，告訴你有多少人閱讀了你的故事貼文，以及你的貼文內容有多少比例被閱讀了。這種回饋，加上快照聊天每日的過濾器會改變和移除訊息，因此創造了一些人們無法抗拒的吸引力。

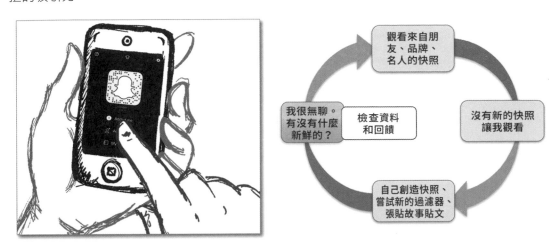

可重複的、令人愉快的活動支持著循環

活動是吸引參與的基礎。如果沒有什麼吸引人的事情，長遠來看，人們不會再回到你的產品上。

一個簡單而有效的學習循環開始於一個可重複的、愉快的活動，它與內在觸發和／或情境觸發相關。

在搖滾樂團（*Rock Band*）中，核心活動是與朋友一起彈奏一首歌，而內在觸發則是當你的朋友過來聚在一起時，想一起做一些有趣的事。在糖果傳奇（*Candy Crush*）中，核心活動是解決三個相同方塊的配對謎題，而內在驅力則告訴你再玩一關就好。這些活動的樂趣被周圍情境（底層系統和可見環境）放大了（但非絕對）。

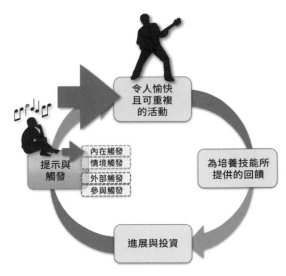

要創建核心的最簡可行產品（MVP），**請在你產品體驗的核心部分找到令人愉悅且可重複的活動**。你最早的原型中可能沒有進度標示或社交回饋，但你需要一些令人愉快的、可重複的活動供客戶來進行。以下是遊戲外的一些例子：

- **YouTube:** 觀看影片
- **Kickstarter:** 瀏覽你關心的募資項目
- **Twitter:** 閱讀並回應更新和訊息
- **Duolingo:** 遊玩一個學習語言的迷你遊戲

回饋使學習更有趣

當你第一次製作遊戲時，「尋找樂趣」通常關乎提供某種形式的簡單回饋。**回饋比進展更基礎和普遍**。遊戲使用回饋循環；網頁和手機應用程式也是如此。

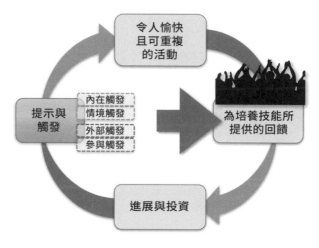

在正確的時間擁有正確的回饋可以引發我們之前談到的神奇的心流狀態。如果你曾經玩過舞蹈中心（*Dance Central*）、搖滾樂團（*Rock Band*）或吉他英雄（*Guitar Hero*），那麼你已經身臨其境的體驗了「為培養技能所提供的回饋」（skill-building feedback）。玩這些遊戲就像有一位偉大的教練在你耳邊低語，幫助你從錯誤中學習並再次嘗試。回饋就是這麼棒。

回饋本身可以對行為產生強大的影響。只要想想在道路上越來越流行的即時速度顯示標誌。最近的研究表明，這些標誌比測速照相更能讓人們開慢一點。

寶貝，你在正確的道路上

在你構建最簡可行產品（MVP）時，請確保包含適當的回饋機制，以告訴你的客戶他們正處於正確的道路上。例如，Slack 提供了清晰、迷人的視覺效果，可以確認你已經閱讀了所有消息——那正是它系統中的核心活動。

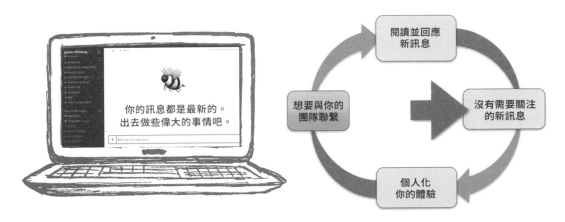

進展和投資吸引人們的持續參與

體育、武術、電腦遊戲和正規教育都是圍繞結構化進步和學習而建立的系統。一個強大的、設計良好的進展系統可以提高學習和動機，並讓提升技能更有趣和被獎勵。進度標記可以促進再次參與並提升客戶的體驗。

活動和回饋一起運作，吸引客戶並讓他們知道他們走在正軌上。**投資**是當你收集、賺取、定制、贏得或建立你不想失去的東西時發生的事情。**觸發**會提醒你返回到你已投資的系統。所有這些技術會一起吸引你的客戶，並形成你的核心學習循環。讓我們深入了解這些互相關連的概念如何運作。

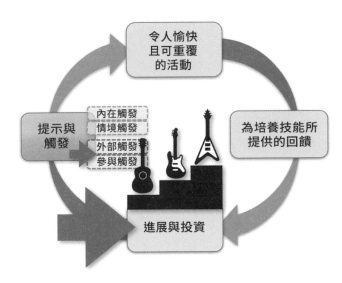

投資使得離開更難

每當你創建一個虛擬形象、改進你的個人資料、檢查你的統計數據、賺取積分、整合你的通訊錄、發布更新或管理你的朋友列表，你正在加深對該系統的投資，並更難從系統中離開。有很多方法可以引發客戶的投資感受。以下是一些例子。

值得檢視的數據：自我提升是一股強大的力量。看到自己變得更好、更強、更快、更聰明或更受歡迎，這本身就是動力。這就是為什麼這麼多的系統調整他們的演算法以顯示可見的進展，這讓人們著迷，並保持他們持續的參與。一個簡單的例子就是推特（Twitter）的追隨者數量，這會吸引你去增加更多觀眾，也更難從這系統中離開。

告訴我一個故事：人們喜歡講故事和聽故事。每當你讓你的客戶告訴你一個關於他們經歷的故事——甚至更好，與其他客戶分享這個故事——你就是在推動投資。故事可能有許多不同的形式，例如更新 Instagram、發布到論壇或在部落格上發表評論。

增強我的自我形象：任何時候你定制自己的身分或環境，你都將自己投入到系統中。如果你購買新的跑鞋，你會提升自己作為跑步者的自我形象，並為這種習慣投入資金。當你的客戶選擇顏色、選擇背景圖像或創建虛擬形象時，他們正透過自我的表達來增加對系統的投資。

幫助我與人聯繫：有些人在社交動機和社交參與的方面會特別有活力。如果你是那種類型的人，當你可以與其他人分享的時候，你會感覺到更多投入。例如，健身小程式 Endomondo，提供了一種簡單的方式來建立你的朋友網絡並分享你的健身情形。如果你的朋友要你為自己負責，那麼退出就更難了。

可消費的貨幣：一旦客戶參與進你的系統，為他們提供可消費的貨幣是驅動投資的有效方法。這種策略最有效的時候在於，將它與其他技能建構的系統合併使用，而不是獨立地使用。舉例來說，Duolingo 會使用「鄰國點數」（lingots）來獎勵使用者完成活動，這些點數可以花費在自訂個人簡介上。

觸發提醒你做某事

觸發（Triggers）是內在或外部的事件，可以提醒你做某件事情。觸發有四種不同的類別，並且經常混合在一起來驅動行為。

Raph Koster 談核心循環

Raph Koster 是一位遊戲設計師，幫助開發了具有開創性的大型線上多人遊戲，像是 *Ultima Online* 和 *Star Wars：Galaxies*。他的著作《遊戲設計的有趣理論》說明了遊戲和學習之間的關連。

當我設計原創遊戲時，我會從核心機制的原型設計開始。核心循環是否有足夠的深度，可以讓玩家在玩遊戲時不斷發現新事物？遊戲是否向玩家展示了他們所需的訊息，來讓玩家做出決策並掌握系統？

核心學習循環是我嘗試在原型中完成的事情。但是，我經常是錯的。我只代表了一位玩家。

所以我和其他人一起測試遊戲。在他們玩完之後，我問他們「讓你感到興奮的是什麼？讓你感到沮喪的是什麼？你希望你能做但你做不到的事情是什麼？」

我希望找到他們與遊戲的情感連結。

以客戶為中心的觸發已經存在於你的客戶體驗中。你透過發現階段的研究來了解它們。

- **內在觸發**是客戶擁有的情緒、衝動或渴望，如飢餓、孤獨、興奮、期待、好奇、無聊等等。
- **情境觸發**是過渡、儀式和定期發生的事件，例如醒來、上下班或坐下來享用家庭晚餐。

以產品為中心的觸發是包含在你的產品體驗中的，其中最有效的觸發是連結上客戶既有的情緒和習慣。

- **外部觸發**是一些環境提示，可以提醒你執行某些事情，例如收到通知訊息、電子郵件、門外的鞋子或筆電上的便利貼。
- **參與觸發**是當某人已經投入了你的體驗後開始作用。如果你有一個內在的衝動經由外部的回饋所支持，那就是一個參與觸發。例如：檢查遊戲中的統計數據、或 Slack 裡的未讀訊息，就是兩個很好的例子，它作用在你已經投入系統之後。

設想你的目標是更頻繁地運動。不同類型的觸發如何幫助你完成此任務？

- 經歷了緊張的一天之後，你可能會感到一種想要鍛鍊的衝動。安排你的鍛鍊時間表來與這種渴望相吻合時，就是被**內在觸發**所驅動的。
- 如果你在下班回家的路上在健身房停下來，那麼你就是把鍛鍊搭載到一個重複的**情境觸發**上，也就是下班回家這個情境。
- 如果你將健身服放在汽車的前排座位上，以提醒你在健身房停下來，則你是使用**外部觸發**來鼓勵鍛鍊。
- 如果你參加 30 天的運動小組，並查看自己的統計數據，看看你與團隊其他成員相比的表現如何，那麼你就有了一個**參與觸發**。

如何設計你的核心學習循環

現在你已經學會了基礎知識，現在是時候設計一個你自己的學習循環了。

利用你的工作故事

從客戶研究的**相關故事**開始，將**現有習慣與未滿足的需求**結合起來。例如，Pley 將觀看影片的故事轉化為一個簡單的學習循環——建立出 YouTube 頻道，做為可讓他們高效學習的最簡可行產品（MVP）。

我們來看看該循環中的元素。

- **內在觸發**：家長需要空閒時間，想要一個「和善的保母」。

- **可重複、愉快的活動**：觀看樂高相關的教學影片。

- **回饋**：客戶可以透過評論和評分表達他們的偏好，舉辦 Pley-run 競賽則促進客戶上傳影片。

- **進展、投資和參與觸發**：發布新影片時的社交媒體更新通知，以及客戶可以分享他們的喜愛影片。

尋找情感和情境觸發

當你瀏覽你的工作故事時，尋找情感和情境觸發，這些是客戶使用你產品的主要原因。了解這些觸發將幫助你識別現有的習慣，就像我們在 Pley 的研究中發現的以下這些觸發一樣：

- 我需要一些對孩子無愧疚感的休息時間（立即需要）。

- 我想培養孩子的創造力（長期需要）。

- 晚餐結束了，我需要洗碗（立即需要）。

- 我希望我的孩子能夠用這套玩具建出更多的構造（長期需求）。

我們採訪過的那些疲憊不堪的父母並不想要一個無腦的影片保母，他們希望他們的孩子能夠受到啟發。所以 Pley 建立了一個吸引孩子們的循環，然後讓他們回到影片外的世界去創造一些創意。要辨識出你產品的現有觸發，請問問自己：

- 在哪種情況下，我的客戶最有可能尋求我的產品？

- 那些時刻之前和之後發生了什麼？情境是什麼？

- 我的客戶在使用我的產品之前和之後的感覺如何？

- 我的產品減輕了什麼痛點或不適？哪些情緒引發客戶使用產品？

回答這些問題將有助於你設計出一種能夠搭載上客戶所處情境、內在狀態和既有觸發的產品。這是推動採用、滿意度和長期參與的一個很好的起點。

圍繞吸引人的活動來打造產品原型

吸引人、可重複的活動是你的核心學習循環的基本組成。當你著手建立最簡可行產品（MVP）時，首先要圍繞關鍵活動創建一個簡單的、精簡的循環。如果你可以創建一個可重複的、令人愉快的活動，讓你的客戶想要在其中變得更好，那麼你已經為養成習慣和長期參與奠定了基礎。讓核心活動循環經過測試並良好運作，是我們在遊戲設計中稱為「尋找樂趣」（finding the fun）的部分。圍繞這個活動循環來打造你的最簡可行產品（MVP），是**從頭開始建立參與度**的最佳方式。

有時候，這個活動可能不是你最初想要建立的。例如，我們假設我們的 Pley 客戶希望參加一個能夠交流的線上社群。但是我們的發現階段訪談顯示，我們的超級粉絲希望的是家庭友善的樂高影片，來讓他們的孩子保持投入——這是他們在別處找不到的東西。

為了快速測試我們的想法，我們創建了一個 YouTube 頻道，並在裡面為孩子提供了許多樂高的教學影片。這個活動循環讓我們得以在投入建構我們自己的基礎架構之前，就測試看看向客戶提供特定的影片內容所具有的價值性。

用簡單且吸睛的回饋來激勵技能培養

在你將產品付諸實現時，問問自己：**什麼樣的回饋能夠幫助我的客戶更好地執行核心活動？**當我們思考遊戲時，我們經常關注可見的進度系統，例如積分、徽章、關卡和排行榜。

然而，回饋比進展更重要。回饋讓你知道你正處在正確的道路上，並激勵你繼續參與你正在做的事情。

想想看當個創世神（*Minecraft*）。從一開始，當個創世神就有了一個直觀的視覺回饋，用於建設、破壞和挖礦，就像粗糙的**數位樂高組**一樣。你可以創造簡單的結構，並透過呼叫某人到你的螢幕前來秀出你的作品。沒有進度條、沒有積分或生命——只是回饋。

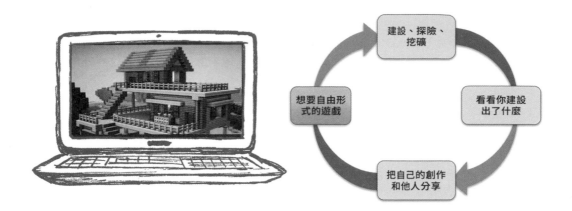

在這個發展階段，**當個創世神**更多的是模擬演示而不是遊戲。始終存在的是即時的、引人注目的視覺回饋。開發者從未將許多熱門遊戲具有的結構化進度系統放入，但這個遊戲仍然成為了一個全球熱銷的經典之作。

我們喜歡看數字上升

我們人類肯定喜歡看數字上升，不是嗎？Twitter、Facebook 和 LinkedIn 等社交網絡透過收集機制為你提供社交回饋。喜歡、評論、分享、評分和訂閱——這些都是由數字來代表的。看著你的數據增長會創建一個圍繞個人進步而建立的回饋循環，當將你的數據與其他人進行比較時，則可能會導致友好的（或不是那麼友好的）競爭。

在這裡缺少的是一種機制，能夠將這些數據連結上有意義的解鎖和漸進式的技能培養的機制。想想看，你會如何回答以下問題？

- 當一個客戶使用你的產品數個月以上，他們在什麼方面變得更好了？
- 你將如何以吸引人、有意義的方式展示個人或社交上的進步？
- 客戶的第 30 天體驗與第 1 天或第 7 天有什麼不同或更好？
- 一旦某人了解基礎後，他們可以解鎖哪些功能、內容或使用權限？

你現在無需詳細解答這些問題。重點是開始考慮你將建構的核心系統，來讓你所打造的客戶體驗能隨著時間變化而發展。

工作表：學習循環

現在輪到你了。回答以下這些問題來設計你的核心學習循環。

從習慣故事開始

使用以下格式，列出在客戶研究中最有潛力的習慣故事：
當我〔經常來這裡〕，我想要〔新鮮的內容〕，所以我可以〔快速滿足我需要的〕。

識別內在觸發和情境觸發

從你的習慣故事中找出觸發習慣行為的情感和情境。什麼可以促使你的客戶來使用你所提供的？什麼情況可以提醒你的客戶一次又一次的回來？寫下你所知道（或需要被驗證）的內在和情境觸發。

設計簡短、愉悅、可重複的活動

寫下客戶在典型的產品體驗中會接觸到的，愉快的、可重複的核心活動或活動鏈的最簡單版本。

設計可促進技能培養的回饋

寫下你的產品可以提供的最簡單的回饋，來幫助客戶了解他們走在正確的道路上。

驅動投資和進展

寫下能夠驅動深度參與和鼓勵客戶回訪的統計數據、故事、客製化、收藏品及其他機制。你的客戶熟悉哪些關於進展或需要投資的系統？

透過外部觸發和參與觸發把客戶拉回來

寫下你可以用來吸引客戶回訪的外部觸發，例如：電子郵件、通知…等。這些觸發如何融入客戶現有的習慣當中？

再寫下你可以用來吸引客戶回訪的參與觸發，例如：統計數據、儀表板（dashboard）、更新未讀項目…等。為何這些觸發會對你的特定客戶及情況有效果？

學習循環的速度阻礙

當你在設計核心學習循環時，注意這些常見的速度阻礙。

速度阻礙＃1：沒有吸引力或無聊的活動

愉快很重要。要圍繞一個沒有吸引力或無聊的活動來建構可持續的核心學習循環是很困難的。如果系統核心的基本活動沒有吸引力或令人覺得無聊，那麼無論你投入多少裝飾，都很難讓使用者保持興趣。

如果你遇到這個問題，先花一些時間在**改進核心活動上，確保它們令人愉快和可重複進行。**那將建立一個你可以發展的基礎。

速度阻礙＃2：依賴外在激勵因素

如果你的核心學習循環，設計時太依賴外在獎勵和激勵因素，你可能可以推動短期參與，但這些虛幻的泡泡很容易破滅。

確保你的核心活動具有吸引力，而不只是進度指標、獎勵或通知訊息。如果你開發出有吸引力的活動和有力的價值主張，你就為吸引持續性的參與做好準備了。

速度阻礙＃3：忘記結束循環

我曾與許多新創公司和遊戲工作室合作，他們可以創造出迷人的活動，但是很難驅動客戶重複參與。外在激勵因素可以提供幫助，但僅限於短期內。如果你無法找到一種方法，來推動使用者對系統進行更深入的投資，那麼很難讓人們長期重複投入。

想想看你的客戶正在建立的技能、知識或關係，**並根據這些來設計提醒，引導他們進一步投資在系統中的意識。**

第 8 章

描述社交行為

在多人遊戲中，玩家比所有動畫、模型和遊戲邏輯更有
價值。

Gabe Newell
Value 公司執行長

當你將自己的想法付諸實現並建立自己的最簡可行產品（MVP）時，你需要放下你的宏偉願景，並專注於幾項核心活動。要達到這樣的清晰和專注可能會很困難。許多創業者過度建構自己的最簡可行產品，因為他們不知道如何精簡他們的設計，他們沒有信心、工具和指引去做出困難的選擇，並防止最簡可行產品的過度擴大。

如你所知，**可重複的、愉快的活動是你的學習循環裡的基本脈動**。你現在要學習一種技術，幫助你識別出適合你產品的社交行為，它能夠支持你的學習循環及對應客戶的需求與願望。這組活動將定義你產品的社交參與風格，並且幫助你製作出精簡、高效學習的最簡可行產品。

系統以簡化形式解釋世界

哪種愉悅會讓你感到愧疚呢？對我來說，是進行流行文化的人格測驗，就是每當有新的熱門電影、遊戲或電視節目時會出現的那些。我知道這些測驗過於簡單和愚蠢，但我無法拒絕只要回答幾個問題，就能發現我跟誰比較相似，以及我的個性如何劃分到更大的人性框架裡。

我們人類喜歡創建以簡化形式來解釋世界的系統。古希臘時，醫生們圍繞著四種氣質進行治療：樂觀（善於交際和尋求樂趣）、暴躁（雄心勃勃和領袖風格）、憂鬱（分析傾向和刻板）和冷靜（放鬆和體貼）。古代阿育吠陀（Ayurvedic）醫學所講究的能量平衡，也根基在類似的人體／心理的分類。

四種氣質

暴躁(*Choleric*)　　樂觀(*Sanguine*)　　冷靜(*Phlegmatic*)　　憂鬱(*Melancholic*)

社交遊戲中的玩家類型

我們的醫療實踐已經演變，但這些基本的人格原型仍然有所關連。在商業世界中，我們擁有 Merrill 的社交風格模式和 DISC 領導力模型——這些系統旨在幫助組成多元的團隊合作。在文學方面，我們擁有霍格華茲的分類帽，這是一個神諭，將新生分配到一個與他們的性格相符的社會群體中。在流行文化中，我們有 Rubin 的個性指數，分析人們對規則和期望的反應。

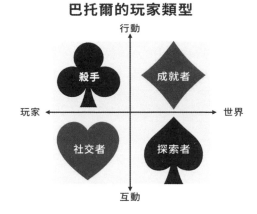

巴托爾的玩家類型

在社交遊戲中，我們有巴托爾（Bartle）的玩家類型：成就者、探索者、社交者和殺手。早期的多使用者迷宮（MUD）開發者 Richard Bartle 注意到某些社交模式出現在各種遊戲環境中。他將這些模式描述為玩家類型，並為思考線上遊戲的社交行為奠定了分析框架。

人格系統以簡化的形式體現了「不同的人，有不同的喜好」的智慧，並為我們提供了討論人類行為的共同語言。

有關玩家類型的一些問題

和許多遊戲設計師一樣，我參考巴托爾的玩家類型來執行我在大型多人線上遊戲（MMO）和線上競技遊戲中的工作。巴托爾的系統非常適合用來提高**不同人喜歡不同類型樂趣的意識**。

但是，當我嘗試將巴托爾的系統應用於休閒、社交和教育類遊戲時，它並不適合。例如，當我為高流量的女性入口網站製作遊戲時，我們發現「殺手」原型在其玩家組成中並不存在。顯然十幾歲的男性駭客不想在滿是媽媽的網站上閒逛。

當你將一個依據特定目的和情境所開發出來的模型，移植到其他情況來運用時，事情會變得有點詭異。你如何決定是否可以將社交模式從一種情況推斷到另一種情況？你如何辨別模型是否提供了有價值的洞察力，或將你帶入歧途？你如何知道這個分類對你的計畫來說是合適的？

當你在考慮應用任何模型時，請從以下這些能協助你釐清事情的問題開始：

模型的目的是什麼？它針對的是人性的哪些面向？

所有的分類系統都是為特定的目的和情境而設計的。Merrill 的社交風格模式和 DISC 模型，是用來協助不同人格特質的人彼此間成功地合作。Rubin 的個性指數描述個人對規則和期望

的反應。巴托爾的玩家類型描述了在多人戰鬥遊戲中出現的社交模式。在考慮分類系統時，請思考其初始目的和情境。這將幫助你決定它是否符合你的需求。

這與你系統中的活動和預設用途的適合度如何？

看看你的系統中的結構和活動。如果人們在團隊中一起工作，那麼 DISC 或社交風格可能是一個有用的分析工具。如果你所打造的體驗基本上是單人的，那麼社交模式當然行不通，但是舉個例子來說，如果你正在打造的是養成習慣（habit-building）的產品並需要處理人們對規則的個人反應，Rubin 的個性指數可能會很有用。我發現巴托爾的模型適合多人社交遊戲，如：大型多人線上遊戲（MMOs）、多人線上戰鬥競技場遊戲（MOBAs）和競技場射擊遊戲等。但不太適合休閒遊戲、教育遊戲和健康遊戲。

模型是否解釋了你已經觀察到的行為模式？

對分類系統最重要的檢測是它是否解釋了你已經觀察到的模式。如果你已經找到了一個系統能夠良好的解釋，那就用它作為你的出發點。不要害怕調整和改變它以更好地符合你遇到的特定情況。例如，在應用巴托爾的玩家類型並遭遇到問題後，我調整了模型以更好地解釋我看到的常見行為和動機。這個名為金的社交行為矩陣（Kim's social action matrix）的更新後模型，已被證明對輕量級的社交體驗和我投入的遊戲來說，都是更加有用的。

金的社交行為矩陣

受巴托爾的玩家類型所啟發，並根據我過往設計社交遊戲中累積的經驗，識別出了普遍出現在線上環境中的 4 種動作或動詞：競爭、合作、探索和表達。

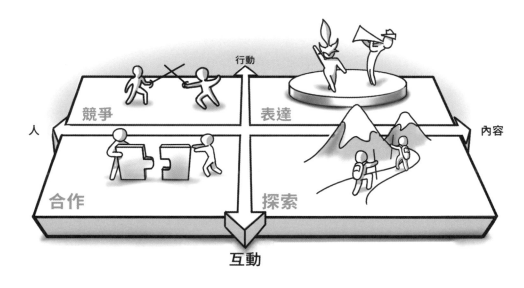

Richard Garriott 談玩家類型

Richard Garriott 是一位開拓性的遊戲設計師、第二代太空人及第一個熱門的圖形化大型多人線上遊戲 *Ultima Online* 的創造者。

任何線上社群都包含巴托爾的 4 種玩家類型。所以在 *Ultima Online* 中，我們加進了可以向其他玩家偷竊、扒竊、發起攻擊的功能。

為了讓遊戲平衡，我們制定了一個規則，在城鎮內不能攻擊其他玩家，但在森林內可以。我們打算這樣做：如果你是鎮上的鐵匠，你可能需要聘請礦工前往洞窟內，並帶回鐵礦石。藉此在兩種不同類型的玩家之間創造經濟循環。

但有些人找到玩弄系統的方式，並拿來利用其他玩家。一個資深玩家會說：「我看你是一位初學者。跟我到森林中，我教你如何打獵。」而離開城鎮後，他們會攻擊初學者並拿走他的財物。我們的新挑戰出現了：我們如何讓這個世界中的獵人們感到刺激，但不會摧毀初學者的樂趣？

競爭

競爭是想要測試自己的能力和看自己程度到達哪裡了的渴望。競爭愛好者會被排名系統及零和的遊戲機制所吸引，因為這些結構反映了他們內在的對話以及觀點。他們喜歡展示他們的實力，並想知道他們在一個團隊中的程度高低。他們尋求專精、學習和透過友好的競爭建立關係。

合作

合作是與他人共同努力達成共通目標的渴望。合作者喜歡「一起獲勝」的感覺。他們喜歡形成合作關係、參與團體和團隊，以及玩合作遊戲。他們重視團隊合作、分享式學習和建立關係。

探索

探索是獲取知識、探索邊界、發現漏洞並了解空間運作規則的渴望。探索者喜歡嘲笑系統並摸清楚系統的裡裡外外。他們喜歡累積和展示知識。探索者重視精準的訊息、巧妙的設計、並透過知識交換來建立關係。他們可以享受與他人共同探索，但通常他們喜歡自己一個人進行。

表達

表達是對自我表達的渴望，渴望讓體驗更個人化、留下個人的標記、表現自己的獨特性。他們會充分利用任何可用的工具來製作會讓其他人欣賞和模仿的東西。他們重視原創思想、創造力、辛勤工作和個人風格。他們喜歡自定義背景、字型和虛擬頭像。他們尋求身分、認可並透過創意來發揮影響力。

社交行為與玩家類型

為什麼要從玩家類型轉變成社交行為？為什麼不堅持繼續使用玩家類型？我兩種方法都嘗試過，發現當團隊建構出社交行為矩陣時，會有幾個好處：

- 一旦你不需要再將玩家分類成有限的類別，你就開啟了新的可能性，也許創造出了獨特的行為類群來描述玩家的特定動機。這個過程本質上比原型分類方式更靈活，產生的結果也更具有可行動性。

- 你的團隊專注於人們採取的行為以及這些行為背後的動機。透過這種映射，可以更輕鬆地將未滿足的用戶需求（在客戶探索階段時發掘）轉化為系統、功能和使用者介面（UI）的預設用途。

- 一旦你的團隊有了一個工具來對社交行為進行排序和釐清優先順序，那麼他們在整個產品生命週期中，在對錯誤的分類、修復的優先順序及開發新功能時都會更加有效率。

- 一旦你識別出產品中的核心社交行為並將它視覺化，你的團隊就能更好地識別並關注核心社交系統和進展系統。並不是每個團隊都擅長系統思考，所以我歡迎任何能夠幫助團隊建立這項關鍵技能的工具。

這個簡單實用的工具將幫助你識別和設計常見的動機模式。我已經將它使用在產品策略、功能規劃和用戶體驗除錯中，效果很好。我發現社交行為比玩家類型更容易對應到產品設計上——就像工作故事（job stories）比人物誌（personas）的方法更容易應用一樣。

誰是你的客戶？他們的社交參與風格是什麼？

一旦你了解了你的核心使用者，就使用社交行為矩陣作為分析工具。什麼會激勵你的使用者？他們的生活中缺少什麼？什麼樣的特質會加強他們的認同，並符合他們理想中的自己？他們喜歡競爭還是合作？會喜歡自我表達或探索？以下是一些常見的行為對應到四個象限的情形。你的客戶可以在你的產品體驗中執行其中哪些行為？將這些行為描繪並對應出來，你將看到你產品的社交參與風格。

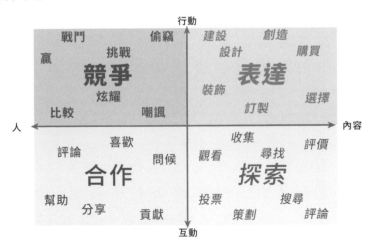

Matt Leacock 談合作遊戲

Matt Leacock 是一位桌上遊戲設計師和使用者體驗（UX）專家。他的第一個熱門遊戲瘟疫危機（*Pandemic*）是一款合作型的桌上遊戲，在遊戲內玩家們團結起來拯救世界免受毒性疾病的侵害。

我太太和我曾經玩過一款談判型的桌上遊戲，那是一次討厭的經驗。我們玩完遊戲後的感覺很差，並想知道我們為何那樣做了。然後我們嘗試了魔戒，它是一款合作型的桌上遊戲，我們一起對抗一個共同的敵人。即使我們在遊戲中輸了，我們都覺得非常、非常好。

我覺得它的設計很有趣，並想看看我能不能做出類似的。因此我設計出了瘟疫危機，它是個我會很高興和太太一起玩的遊戲。

我已經能夠在我的遊戲設計工作中使用我全部的 *UX* 設計工具。我喜歡使用者體驗設計的其中一件事就是紙本原型 —— 讓我們可以快速做出設計、得到回饋，並迭代修正。

對桌上遊戲而言，紙本原型就是產品了。我不需要請其他人寫程式碼。修改遊戲非常簡單，把某張卡抽出來、或在上面打個叉叉並重寫一遍就好。

讓我們來看看 Kickstarter 中的社交行為。這種流行的群眾募資服務滿足了我們的願望，能夠成為藝術的贊助者、並支持自己信任的計畫和人員。

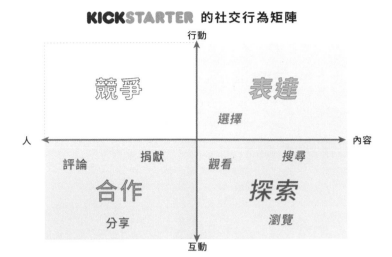

隨著各種計畫的不斷增加，Kickstarter 是**探索者**的寶庫，它多層次的投資結構讓**合作**可以透過幾下滑鼠的點擊就完成。你可以看到哪些朋友支持了某個計畫，但不知道他們究竟貢獻了多少，這讓競爭得以最小化。

現在我們來看看 Happify 這款流行的心理健康應用程式。

請注意，Happify 的社交參與風格與 Kickstarter 相似：在合作和探索方面很重要，並包含少量的自我表達。

這兩款應用程式都沒有讓使用者正面交鋒的競爭，那是競爭型遊戲最擅長的。

將 Kickstarter 和 Happify 中互動的感受和風格，與流行的手機遊戲直播答題（*HQ Trivia*）進行比較的話。可以看到在直播答題中這些動詞都聚集到競爭和表達這兩個象限中，並在使用者互相分享和幫助時包含少量的合作。

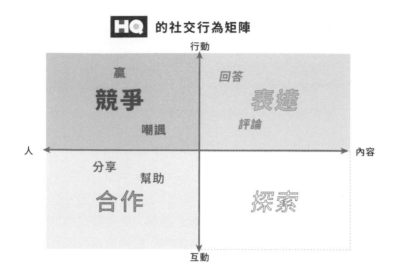

社交參與風格並沒有絕對正確或錯誤的答案。重要的是去關注並找出最符合的象限，也就是最符合你的客戶在體驗中想要尋求的部分。這在你打造精簡的最簡可行產品或早期版本（alpha）測試時特別有用。

如何創建你自己的社交行為矩陣

假設你剛剛完成了一些客戶開發研究，並更好地了解了客戶的需求、習慣和動機。你和你的團隊現在正讓想法更完善，並製作出原型。

使用社交行為矩陣來評估你想要構建的內容與客戶關心的內容之間的一致性。從一個空白的社交行為矩陣開始：

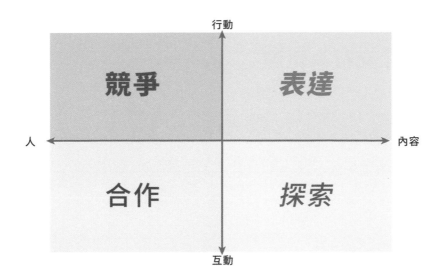

使用第 1 種顏色，寫下你的產品能促成的社交行為，填寫在最適當的象限內。使用第 2 種顏色，寫下可以代表你的客戶未滿足需求和核心動機的社交行為，也將它們填寫在最適當的象限內。

現在退一步問自己：**你的產品如何與客戶的需求和動機保持對應？**如果它確實一致，繼續朝原來的方向努力。如果不一致，你就有工作要做了──重新設定客戶，或者重新考慮你的設計。

沒有模型能提供最終的解決方案。將社交行為矩陣視為一個起點，幫助你去了解使用者會受什麼所激勵，並將其中最重要的社交行為，納入到你的最簡可行產品或早期產品（alpha）測試中。一旦你了解它是如何運作的，不要害怕去調整它，以使它能更貼切的呈現出你的受眾和服務──就像我調整巴托爾的模型來提出這個矩陣一樣。

工作表：社交行為矩陣

現在輪到你了。透過以下問題來寫出你的社交行為矩陣。

競爭

你的客戶可以採取什麼行動來互相競爭、展示他們的實力或參加排名競賽？

合作

你的客戶可以採取什麼行動來合作、建立夥伴關係，或參與具有共同目標的團體或團隊？

表達

你的客戶可以採取什麼行動來表達自己、個人化他們的經驗，或展示他們獨特的創造性技能？

探索

你的客戶可以採取什麼行動來探索邊界、發現什麼是可能的，或是有機會炫耀他們的知識？

社交行為的速度阻礙

在你描述社交行動時，請注意這些常見的速度阻礙。

速度阻礙＃１：嘗試填滿所有象限

成功的產品通常從有限的一系列行動開始，先讓早期客戶滿意，然後從那裡開始發展壯大。不要嘗試填滿矩陣中的所有象限——這不是這個練習的重點。嘗試為每種社交風格提供多種行動是一種常見的錯誤，它會阻礙你專注於最重要的事情。

為了避免這個問題，請嘗試**著重於兩個最符合客戶動機的象限**，並寫下你的產品在這些象限中所提供的行動。如果你的產品的行動分布在所有象限中，你可能在聚焦上有點問題。請考慮削減你的功能並建立更流暢的體驗。

速度阻礙＃２：混淆進步與競爭

每個人都喜歡朝著自己的目標邁進——這就是人性。談到與他人互動時，一些人喜歡正面交鋒競爭的激動，而另一些人喜歡團結一致、合作和擊敗系統。在描述社交行為時，請確保不要將個人進步（如獲得積分和級別）與社交競爭（例如排行榜）混淆。它們是由不同動機所驅動的非常不同的活動。

為了避免混淆，你可以透過使用專精旅程工具（第 6 章）和工作故事（第 5 章）來**描繪出客戶的個人進展旅程**。從那裡為起點，仔細思考一下什麼樣的社交活動會激勵你的顧客。不要以為每個人都喜歡競爭。雖然排行榜和激烈的戰鬥對某些人來說可能是非常激勵人心的，但其他人卻不喜歡零和的競爭方式，而更喜歡在合作遊戲中「共同獲勝」。

第四部分
測試

我們自以為了解的，經常成為阻礙學習的絆腳石。

Claude Bernard，生理學家

早期的原型製作和測試是設計思考的核心，而精實創業則鼓吹高效學習實驗（high-learning experiments）和打造最簡可行產品（MVP）。我們知道，為了增加我們成功的可能性，應該儘早和適當的人員一起進行產品想法的驗證。但是太多的人實際上在開發過程中太晚才驗證他們的解決方案假設。

在第 2 部分：同理，你學會了如何找到你的超級粉絲，並根據他們的經驗提煉出有關的洞察。在第 3 部分：設計，你學習了如何設計引人入勝的客戶旅程和核心產品體驗。

現在回報來了──在這個階段，你可以讓之前所有的努力派上用場，並和核心的早期客戶一同進行產品實驗。在這個部分中，你將學習如何打造正確的原型來進行測試，並進行可以回答假設的高價值測試，同時引導你的團隊邁向成功。

第 9 章

製作核心活動的原型

最簡可行產品（MVP）是液體，不是固體。

Steve Vassallo

幾年前，我領導當時正快速增長的群眾募資平台的一些計畫。其中一個計畫專注在為平台增加一項複雜、但在策略上很重要的功能——國際航運。在我們評估線框圖（wireframe）和視覺稿（mock-up）時，我計畫引進一些高級用戶來查看我們的流量。但我的計畫被管理階層所阻礙而沒有執行。他們說：「**這不是我們這裡做事的方法，我們不把未完成的工作展示給客戶看。**」

所以我們沒有進行早期驗證和測試。相反地，我們建立了內部團隊自以為是對的內容，並在幾個月後發布了這個備受需求的功能。猜猜看發生了什麼事。那些最需要這個功能的高級用戶們，討厭這個功能的設計，因為它不符合他們對這個任務的心智模型。我們急著解決這個問題，多花了數十個小時的工程、設計和產品管理時間。

在高風險假設上取得可執行的回饋

這個故事恰好說明了你為什麼要儘早測試假設。對於群眾募資平台，我們的高風險假設是：**客戶會像我們一樣思考這個複雜的功能。**

這個假設後來證明是錯誤的，比起儘早和幾個精心挑選的客戶來測試想法，要改正這個錯誤所需投入的經費和時間都更多。

如果你養成了一種習慣，儘早、經常地、和對的人一起測試假設，那麼你就可以避免這種代價高昂的錯誤，長期下來也會節省許多時間。這一切都開始於先創造出對的東西來測試。不論你的原型是什麼形式，記得你的目標是盡可能地在高風險假設上，取得更多可執行的回饋。以下是在製作原型過程中，可以幫助你專注和高效的一些指導原則。

為核心活動製作原型，而不是行銷訊息。

請確保你的團隊了解產品發現（product discovery）和產品體驗之間的差異。登陸頁面測試的是你的行銷訊息，但如果你實際需要的是驗證你的核心產品體驗和價值主張，那登陸頁面就是浪費時間。

接受一個「足夠好」的視覺美感，允許你可以快速更新。

為了最大限度地學習，建立足夠好的模型來測試和學習。依靠你的早期採用者；他們不需要花俏的視覺才能提供有用的回饋。你更新的速度越快，學習得越多，成功的可能性就越大。

使用原型工具快速將想法實現。

找到最快、最簡單的方式來視覺化和測試你的想法。抑制住過度修飾的衝動;好好利用原型工具、現成的解決方案和粗糙的模型。

選擇正確的形式來測試

一個有效的原型有不同的可能形式。你可以很有成效地測試:

* **競爭對手的產品**,它們是你想了解更多的。
* **情景演示(scenario walk-through)**,用草圖、視覺稿或線框圖來描繪的。
* **可點擊的模型**(用原型工具建構的)來與某人互動。
* **簡單可運作的原型**、網站或粗略的遊戲早期版本。
* **實體原型**,你的測試者可以去觸摸和互動的。

你可以經由任何以上形式的測試中,來獲得寶貴的經驗。哪一個適合你?這取決於你的產品複雜性、開發階段和團隊技能。

草圖和情景

如果你在設計流程的早期階段,你可能會使用草圖、線框圖或視覺稿來呈現想法。現在,並不是每個人都有想像力去看低擬真性的視覺效果,並設想它們會變成什麼樣子。然而,一些早期採用者可以給你有用的回饋意見,尤其是如果你將這些視覺效果搭配上關於產品運作的描述時。

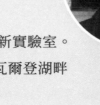

Tracy Fullerton 談原型製作

Tracy Fullerton 經營著引領潮流的 USC 遊戲創新實驗室。
她最新的遊戲 *Walden* 讓玩家體驗了作家梭羅在瓦爾登湖畔
的生活。

作為遊戲設計師，你的首要任務之一就是找到一組核心玩家。每週一次，測試一個你的想法經過迭代後的新版本。

迭代不用非常深入。它可以是故事板（*storyboards*）。它可以是紙本原型。你不需要花費很多錢。事實上，你可以做更廣泛的探索，如果你測試 5 個快速做出的紙本原型，丟掉其中 3 個，然後從剩下的 2 個中取出好的想法進入下個迭代中。

確保你擁有測試時需要的使用者類型。我們一直在設計教育遊戲，所以我們組織了一群喜歡我們正在做的事情的老師。當我們需要測試遊戲想法時，我們邀請孩子們過來，並玩個卡牌遊戲。

便宜、快速的迭代是強大的，因為如果你花費太多時間在表達自己的想法上，你最終會愛上那個想法。

何時利用情景進行測試

如果你希望早期客戶對產品構想、使用者介面流程或進展系統提供回饋意見，那麼使用低擬真視覺效果來測試可能非常具有啟發性，並且可以為你節省時間和傷腦筋的機會。要從低擬真視覺效果中獲得有用的回饋，你可以把握以下幾點：

- 選擇正確的測試人員（早期採用者、高級用戶等）。

- 適當地設置視覺效果（請參閱第 10 章）。

- 足夠早的進行測試，利用結果來塑造你的產品 / 使用者介面 / 進展系統。

何時不利用情景進行測試

如果你的核心體驗必須依賴於精美的視覺效果，那麼在沒有它的情況下要獲得可用的客戶回饋將非常困難。如果你的團隊和利害關係人不信任粗略情景下的研究見解，那麼使用這種技術做出產品決策就很難。在這些情況下，情景測試並不是最佳選擇。

可點擊的視覺稿

一個視覺化和測試核心學習循環的好方法是，使用幾個關鍵頁面 / 流程的可點擊視覺稿（clickable mock-ups）。許多產品創作者使用 Keynote、Invision 或 Balsamiq 等原型開發工具快速模擬和測試其產品的不同版本。這是快速迭代和測試不同想法的好方法，無需太多工程投資。

何時利用可點擊的視覺稿進行測試

可點擊的視覺稿非常適合獲得關於使用者體驗流程、螢幕設計，以及導航、命名和排版等細節的回饋。你要知道，只要你向顧客展示具體的東西，他們就會反應強烈。因此，盡可能簡化你的圖形，並將受測者的注意力集中在你需要收到回饋的元素上。

何時不利用可點擊的視覺稿進行測試

如果你對自己的產品重點沒有清晰的認識，那麼可點擊的視覺稿不會解決你的問題，甚至可能會讓你誤入歧途。在這種情況下，最好創建草圖並帶領你的測試者進行「生命中的一天」這個場景測試。

可運作的原型、遊戲或應用程式

利用可運作的原型來和早期採用者一同測試核心功能，總是很棒的事情。如果你再進一步，你可以使用所有這些技術在你可運行的產品上，從中獲得客戶洞察，並計畫出有效的先導 / 公開測試版本（beta）測試。如果你正在構建的是遊戲，那麼你可能會專注於完成粗糙的可運作原型，並儘快開始測試和進行迭代。它可能是一個紙模型或一個工作示範（使用 Unity 或 GameMaker 等原型工具創建）。經由測試你的規則和核心活動，你將知道離「找到遊戲的核心樂趣」還有多遠。

綠野仙蹤測試法 / 門房測試

是否有可能快速建立一個能高效學習的原型，而幾乎不需要工程投入呢？答案是肯定的，如果你正在打造一個應用程式，透過人力模擬最終將會自動化運行的內容，來測試你的核心商業假設是有意義的。

對你的價值主張進行手動優先的測試稱為「綠野仙蹤測試法」（人是不被看見的），或「門房測試」（人是可見的）。在你大量投入於工程之前，這可以是一種非常有效的方式來與你的早期客戶建立聯繫並找出他們想要的東西。Airbnb 和 Aardvark 是兩個知名的服務導向的手機應用程式，開始時都使用了手動優先的最簡可行產品。

一旦你用最簡可行產品（MVP）畫布釐清了你的假設，值得納入考慮的是，是否可利用手動優先的最簡可行產品來幫助你測試和改進你的假設。只是不要用強迫的方式──這種方法不會適合每一個人。例如，許多數位遊戲都不適合這種方法，但對大多數的服務和市場而言則都適用。

硬體原型

如果你正在開發硬體，一個手動優先的最簡可行產品可能會行不通。你需要打造出你的潛在客戶可以拿起來和直接使用的東西。

你最早的硬體原型可能只是用膠帶把備用配件黏在一起的，它可以幫助你快速迭代。那是個很好的起始點。從那起，你可以逐步建構和測試，並開發出更完善的產品版本，就像圖片中所示的 Google 眼鏡的迭代版本。

有競爭力的產品是你的秘密武器

如果你還沒有準備好向早期採用者展示草圖、視覺稿或原型，請嘗試使用競爭對手的產品進行測試。例如，如果你正在開發社交分享產品，那麼你可以招募年輕女孩來使用 Snapchat，並分析她們如何使用。

這項技術是一個金礦；你將了解客戶如何思考和談論你所處市場的議題，並在此過程中提高你的測試技能。

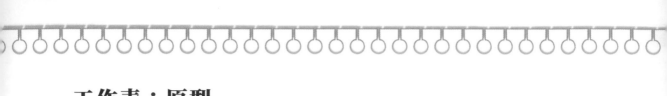

工作表：原型

現在輪到你了。透過以下問題來決定該打造什麼樣的原型。

闡明你的目標

每個有效的實驗都從清楚的假設開始。為了從你接下來的測試中獲得最大的學習，寫出你將驗證的全部假設。

選擇原型形式

在這個開發階段，選擇你將使用的原型形式。

- 草圖或靜態模型
- 可互動的模型（電腦、手機、平板）
- 紙本原型（主要用於遊戲）
- 硬體原型
- 精簡且可運行的遊戲、網頁或系統
- 綠野仙蹤／門房測試

計畫你的原型

簡要描述你的原型將如何運作，以及你將如何建立它。

原型製作的速度阻礙

在你製作核心活動的原型時，請注意沿途的速度阻礙。

速度阻礙＃1：將重點放在發現或加入階段上

有很多方法可以製作最簡可行產品（MVP）。但流行的解決方案，如創建一個虛假的登陸頁面來測試客戶的發現階段（discovery）體驗，這可能會分散注意力並造成誤導。

確保你的團隊了解，測試產品的發現階段，和為核心產品體驗及價值主張來製作原型是不同的。要建立一個迷人的體驗，**請先專注在測試和調校你的學習循環**。

速度阻礙＃2：使用者體驗（UX）和圖形完美主義

注意想將視覺效果盡善盡美的誘惑。在產品開發中會有遇到這個誘惑的時機。在早型的原型製作中，過度修飾視覺效果和使用者體驗會顯著降低你的速度。

為了最大限度地提高學習效果、並快速前進，請充分利用你的早期採用者，並**建構「對測試來說已足夠好」的介面，從中進行測試和學習**。

速度阻礙＃3：過度投入原型的工程部分

同樣地，要抑制住對原型過度進行工程的衝動。現在不是寫出容易擴展的程式碼的時候；現在要盡可能快速、廉價的進行迭代，盡可能不要花時間在程式碼上。

找到**最快、最簡單的方法來模擬你的想法並進行測試**。每當你可以時，就盡量使用原型開發工具、現成的解決方案和黏貼在一起的模型。

第 10 章

和核心客戶一同測試想法

你可以在製圖桌上使用橡皮擦,或在建築工地使用一把錘子。

Frank Lloyd Wright,建築師

計畫你的高效學習測試

選擇合適的人員來進行產品的低擬真版本測試非常重要。

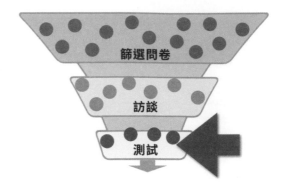

先前,你已經利用超級粉絲篩選問卷和快速訪談找出了少數潛在的最簡可行產品(MVP)測試人員。

現在是時候與這些核心的早期採用者一起,來進行簡短、高價值的測試了。

安排一小時的測試時間

要安排測試的日程需要花一些精力,因為請盡快開始安排你的測試會談。一般來說,嘗試為每段會談分配一個小時。這會給你足夠的時間來訪問你的受試者、測試你的原型,並進行匯報。

但是,如果你的原型很簡單並且/或者你處於流程早期階段,你可以從半小時的會談中獲得巨大的價值。根據你的需求和受測者的時間,來判斷並安排這些會談。

有償還是無償?

如果你正在打造要提供給消費者的應用程式、產品或遊戲,那麼你可能想要付錢給你的受測者。標準的時薪是每小時 50 美元,但我曾經支付一小時的會談從 25 到 100 美元之間的不同金額,根據參與者的年齡、收入和專業的不同。

為了簡單起見,我們將這些金額以亞馬遜(Amazon)禮品券的方式提供給參與者,或是這些參與者喜愛的其他商店之禮品券。

如果你針對的是企業客戶,那麼付費給你的受測者可能沒有意義。在某些情況下,它甚至可能違反專業協議。相反的,嘗試與潛在的超級粉絲一起進行 30 或 60 分鐘的「資訊性訪談」,並獲得他們對你價值主張的回饋意見。想一想你可以提供給他們的其他東西,而不是付費來補償他們的時間。

獨自或兩人一組？

預設情況下，大多數人將使用者測試看作是獨自進行的活動，並且一次安排一個人進行會談。如果你的產品極有可能是使用者獨自使用、沒有社交互動時，這是一個好方法，因為你正在複製核心的使用模式。

如果你的產品很可能會在社交或家庭環境中使用，並由多人一起互動、觀看或評論，那麼你如果將受測者配對或以小團體來進行測試，將會得到更好、更有用處的資料。

配對測試揭示了
思考過程和社交動態

讓受測者兩人一組的配對測試，可能在研究人們的思考過程時特別有價值，因為你的受測者會自然地彼此交談、互動。為了從會談中取得最多有用的資訊，請嘗試重現實際產品運用時的社交環境。如果你不太確定，安排一些單人的會談、一些配對的會談，然後評估哪種方法可以提供更好的結果，並使用較好的方法來做更多測試。

面對面或遠距？

能夠面對面看到別人常常是很有用的，你可以有機會觀察他們的肢體語言（以及聽取他們的回答）。如果你的受測者在現場，你可以透過進行一連串面對面的測試會談來從他們身上學習更多。例如，你可以像風險投資基金公司 Google Ventures 一樣，在辦公室或會議室設置一個簡單的「測試實驗室」，並邀請受測者來參與一系列的會談。

或者，你可以和受測者約在他們的家中或咖啡廳、酒吧等公共聚會場合，並在那裡進行會談。

這是一種花費較高的方法，但有潛在可能性會對資料收集更有啟發性和實用性。具有實驗精神和機會主義沒什麼不好。如果你覺得這是一個值得一試的方法，嘗試看看、然後檢視你得到了什麼。

你還可以使用 Skype 或 Zoom 等線上會議軟體來進行會談。如果測試者所在地點是實際使用產品的可能位置，採用遠端會談可能特別有用。例如，我們在進行 Pley 的訪談時，就使用 Skype 遠端和受測家庭的家長、孩子進行關於樂高使用習慣的訪問，那時他們就位在自己的家中。

寫出你的 3 步驟測試指南

為了充分利用這些會談，請使用這個由 3 個部分組成的步驟來指引你進行。

第 1 部分：暖身

在第一部分中，你將更好地了解你的客戶並讓他們放心。你應該使用哪些問題來開始談話呢？這取決於你在篩選問卷和快速訪談期間已經了解到的受測者情況。

跟進並深入

當快速訪談進行順利時，那些簡短的對話讓你想要聽到更多。現在是時候跟進那些在訪談中你最想知道、最有幫助的問題，並深入探究任何有關的主題、情緒和習慣。因為這些內容是之前訪談的自然延伸，它會讓你的受測者感到放心。

必要時進行介紹性訪談

有時候，你會想測試一個沒有經歷過兩階段篩選的對象，他們並未經歷過先前的快速訪談。在這種情況下，只需要進行介紹性的訪談就可以了，你可以使用第 3 章內的模板和指引。

過渡到展示和告訴

培養出儘早測試和經常測試的習慣是很好的。所以，無論你在哪個階段，想一想你可以向早期採用者展示什麼，以便測試你的假設。慢慢來就好。在你為訪談暖好場之後，告訴他們你要換檔了，現在你想聽聽他們的反應，和這些談話有關的、關於你的產品理念的想法。

Eric Zimmerman 談遊戲測試

Eric 描述自己是一位遊戲測試的基本主義者，他設計遊戲來
探索數位與非數位的新遊戲形式，同時是紐約大學遊戲中心
的教授。

我相信盡可能的及早進行遊戲測試是遊戲設計的關
鍵。第一次進入這個行業的人常常認為遊戲背後的
概念是最重要的。一旦你發展出了概念，只要徹底
和仔細的投入就能做出遊戲。

那是不可能的。當你開始建構遊戲並進行測試，實
際的設計才開始發生。

遊戲測試的樂趣之一是看到你所有的精彩創意在現
實的考驗下破滅。如果我有一群學生爭辯誰的想法
更好，我說：「每個人都去做出原型。15 分鐘後回
來，我們試玩看看。」

我教遊戲設計時不使用電腦，使用的都是桌上、物
理或社交遊戲，所以學生可以快速製作原型、迭代
想法。一旦你使用數位媒介，它會變得更難。

第 2 部分：測試

接下來，你將向受測者展示你的原型或產品（以任何形式），讓他們與它互動，並注意他們的反應。它可能是：

- 競爭對手的產品（讓你更深入了解你的市場）。
- 早期的硬體原型（用膠帶將零件黏在一起就好）。
- 可展示的紙張或實體模型。
- 一個網站、應用程式或遊戲的可運作原型。
- 可點擊的視覺稿、草圖和線框圖。

給他們任務，並要求他們「大聲思考」。

進行測試的理想方式是給人們一個挑戰，並且觀察他們如何解決它。嘗試給你的客戶一些能夠測試假設的任務。例如，如果你在打造一個給孩子使用的影片應用程式，你可以請孩子開啟程式，找到他們喜歡的影片，並開始播放。如果你的原型或產品比較成熟，你可以指示你的受測者執行任務，然後觀察並從他們的失敗中學習，同時記下他們遇到的問題。

對於還在開發早期階段的產品，你可以透過詢問受測者他們會想像如何使用你的產品來完成任務，請仔細聆聽他們用來描述這個活動的言語。情景對於這個階段非常有用。

就在你進行測試之前，要求受測者「大聲思考」，並說出他們想到的任何事情。如果你的受測者正兩人一組的進行測試，你就有優勢，因為他們自然會互相交談。所有你需要做的就是讓他們開始並聆聽。

第 3 部分：匯報

在你的受測者已經看到並與你的原型互動後，你將花幾分鐘的時間聽取他們的匯報，以了解他們的反應和感受。緩解這一轉變的一個好方法就是參考下面台詞來提出問題：

「現在你已經嘗試過了，你如何看待這款產品融入到你的生活中？」

以一種中立的方式提問，讓他們可以安心的誠實回答，如果產品真的不適合他們的生活，他們也會告訴你。知道這件事是很有價值的！

一旦他們對匯報期感到習慣，接著詢問以下的問題，請將問題依你的需要做調整。

問題 1：習慣和觸發

你覺得自己什麼時候會想要使用這款產品？一天中的什麼時間？什麼地點？那之前你在做什麼，之後又會做什麼？

了解你的受測者如何看待產品融入生活中。深入挖掘哪些習慣和情境觸發會促使他們使用這個產品。

問題 2：喜歡和不喜歡

你最喜歡這個體驗的哪個部分？你不喜歡什麼？沒有正確或錯誤的答案。我們希望你的直率、誠實的意見。

找出他們最喜歡的體驗，更重要的是，他們不喜歡的。了解詳情。看看你是否能理解他們為什麼會如此感受。

問題 3：我可以怎麼改善

什麼可以改善你的體驗？如果你能揮動魔杖，你會喜歡看到什麼，哪些會真正影響你的體驗、讓你的生活更美好？

詢問他們對於改善體驗的想法。記下他們將你的產品體驗相比較的任何產品或服務──這個資訊告訴了你，他們如何將你的產品放在腦海中。

進行你的測試

一旦你的受測者安排好、原型也準備好了、並且會談腳本已經擬訂，現在是時候進行實驗並開始收集資料。

使用訪問者和記錄者的組合

如果你與同事一起進行會談，你會從中得到更多。由一個人引導受測者進行會談，而另一個做筆記並辨識浮現的模式。為獲得最佳效果，請轉換角色，讓每個人都有機會成為訪問者和記錄者。這種方式更有趣，你也會透過更多眼睛和耳朵對它的處理，從而得到更好的資料。

訪問者　　　受測者

記錄者

讓客戶安心的穿著

思考一下在會談時你會和誰說話，並試著穿著會讓對方感受到同理心的裝扮。不論你會談的對象是：辦公室工作者、穿著涼鞋的叛逆青少年、還是操場上的父母，儘量與你的受測者穿著相似。這將幫助他們感到自在，並使交流更容易。

如果你是面對面進行會談，這一點尤其重要，但也同樣適用於線上會談。你穿著什麼以及如何呈現自己，可以顯著影響你的受測者對你的反應——不論線上或線下。

如果你正在遠端進行測試，請在測試的暖身和匯報部分使用視訊連線，當然也可能在原型測試部分這樣做。當你可以看到受測者的肢體語言和臉部表情時，你會得到更多關於你客戶真實想法的訊息。

此外，如果你的測試中涉及多人（例如父母和孩子，或者兩個朋友一起），你可以觀察他們彼此之間的互動情況，這可以成為獲得有用洞察的重要來源。

總結你的結果

一旦你執行了測試，與你的團隊聚在一起並總結出 3－5 個可操作的發現，或找出與你的最簡可行產品（MVP）畫布相關的模式。問你自己：

主要發現是什麼？這些人喜歡什麼和不喜歡什麼？
首先篩選資料並注意其中主要的 3－5 個模式，特別注意習慣、想法和未滿足的需求。如果有可能，請將每個發現的模式與受測者的言語引用（或大意）配對在一起。

你驗證了哪些假設？哪些需要修改／再確認？

你的最簡可行產品畫布中的哪些想法或假設，透過這次測試後已經取得正面回饋、並通過驗證？這告訴了你哪些受測者的需求、習慣和欲望？現在，問問自己：我的哪些假設被這個測試所驗證是無效的？哪些需要修改和／或調整？為什麼？受測者們對這個問題的看法與我想像的不同嗎？使用的語言有問題嗎？定位如何？深入探究細節。

你學到了什麼最令人驚訝的東西？

如果你對你的發現感到驚訝，請注意！這是從行動中學習。記下你的研究中出乎意料且相關的想法和洞察。什麼讓你感到驚訝？這對你未來的想法有何影響？例如，在我們的 Pley 研究中，我們了解到父母希望他們所租用的每組樂高玩具都擁有教學影片。這種洞察激發了我們的內容行銷團隊決定優先製作這些影片——這是一種戰術洞察，能夠得到很大的回報。

在測試、反思和驗證之後

一旦你總結出結果，你就準備好來更新你的產品策略及設計了。現在要決定是否調整策略或持續原計畫了，要進行這個決定並不容易。你如何將測試結果轉換成產品設計上的決策？在你從問題空間進展到解法空間的旅程中，這是收斂的過程。在第五部分中，你學到的所有內容將匯集在一起，將這些研究結果轉化為產品決策。你將學習如何使用遊戲思維的工具組來更新你的產品策略和進行設計，並為你自己和團隊帶來成功。

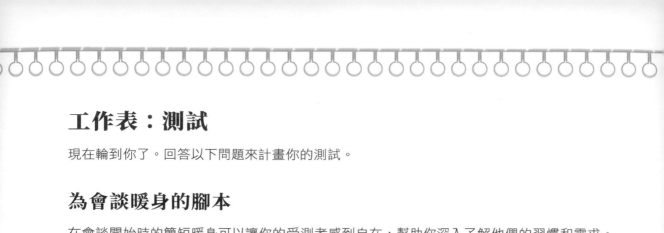

工作表：測試

現在輪到你了。回答以下問題來計畫你的測試。

為會談暖身的腳本

在會談開始時的簡短暖身可以讓你的受測者感到自在，幫助你深入了解他們的習慣和需求。使用以下格式來撰寫腳本：

告訴我更多關於你〔進行相關活動〕的經驗（接續快速訪談時的問題）。

接下來你會進行〔說明測試方式〕。

我們需要的是誠實的回饋，所以請告訴我們你的想法，不論好的、壞的。

會談計畫

寫下你的測試計畫。你如何執行你的最簡可行產品測試？獨自或小組？遠端或面對面？誰會參與？你會如何進行記錄，使用筆記、錄音或錄影？

測試腳本

你的測試腳本告訴受測者當他們與產品互動時該做什麼，但不會引導他們做出結論或讓結果產生偏誤。寫下主持人該說的精確字句會很有幫助，他們就不用在測試中即興發揮。你的測試腳本應該包含最初的說明指引、受測者該執行的任務和常見問題的回答。

總結你的發現

你在會談中的主要發現是什麼？試著辨識出至少 3 個你在不同受測者身上觀察到的模式。

哪些你最初的想法 / 假設已經被驗證了？受測者喜歡 / 喜愛 / 感到興奮的是什麼？

受測者不喜歡或反應平淡的是什麼？哪些想法 / 假設需要修正、調整或更多資料？

你學到了什麼最令人驚訝的東西？寫下至少一個反應或發現是你未曾預料到的。

測試的速度阻礙

在測試你的早期想法時，請注意沿途的速度阻礙。

速度阻礙 # 1：把文字放進受測者的嘴裡

在會談過程中，你的工作是了解你的受測者的心智模型和意見。希望讓你的想法出現在他們的嘴裡是很誘人的一件事，但你需要抗拒這麼做。一旦你開始這樣做，你已經改變了對話並停止收集有用的資料。

提出問題並給你的受測者任務，然後坐下來注意他們用來描述經驗的詞語。不要糾正他們。**只傾聽並做筆記。**

速度阻礙 # 2：偽陽性

雖然你可能是一個迷人的人（我相信你是！），但要小心迷倒你的受測者；這會導致偽陽性。破壞實驗的最可靠的方法是，讓你的受測者說出他們認為你想聽到的內容。

要獲得誠實、可操作的回饋意見，**請保持你的言語中立和禮貌**，並確保你同時歡迎正面或負面的回饋意見。

速度阻礙 # 3：冷淡的回應

發現你想像中的絕妙點子無法實現時，會很令人沮喪。你愈晚發現這件事，你的沉沒成本就越高——所有那些用來追逐這個願景的時間、金錢和夢想。這是一個「空洞的價值主張被戳破」的時刻。在這一刻，你必須做出選擇：接受現實，或者駁回客戶實證研究的結果並繼續前進。你認為最有可能成功的是哪一個？

如果你的受測者表現的不冷不熱，那麼你遇到問題了。你想看到那些強烈的情緒，例如當人們向前傾時（字面或比喻），這些信號讓你知道你正抓到了些什麼。

| 假設 | 同理 | 設計 | 測試 | 驗證 |

第五部分
驗證

我將自己從安全舒適的確定感中撕裂分開，只因熱愛追尋真理。而真理讓我覺得這一切都是值得的。

西蒙・波娃

現在你已經透過超級粉絲來測試產品的核心體驗，現在是時候來深入思考你學到了什麼，並決定下一步該做什麼了。

在這部分中，你將學習如何使用你新發現的洞察來更新你的產品設計和策略，並創造出可打造迷人產品體驗的執行計畫，且指引團隊的開發工作。

記得第 2 章：草擬產品簡介嗎？你將利用新的發現來更新之前的產品簡介，並利用遊戲思維的開發藍圖將客戶的旅程對映到你的軟體版本發布週期上。這些工具將讓你準備好和團隊及利害關係人進行富有成效的對話，並在是否要進行軸轉或堅持原策略上做出明智的決定。

第 11 章

更新產品策略

我們嘗試要儘快的證明自己是錯的，只有這樣我們才能
找到進展。

理察・費曼，物理學家

在你的遊戲思維之旅的開端，你闡明了關鍵假設並草擬產品簡介。然後，你和早期客戶建立聯繫，了解他們的習慣和需求，並利用這些洞察來設計和測試你的想法。

現在是時候使用這些結果來驗證你的假設、更新你的策略，並計畫一些新的實驗。你知道的比以前更多，根據階段－關卡的模型，你將把你的賭注押在最強的想法上。

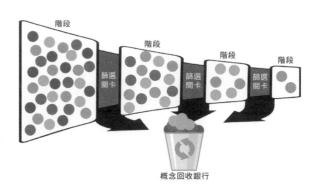

這些對客戶的深入理解可能會支持你的假設，或者可能與假設相矛盾。也許你發現了一些令人驚訝或違反直覺的東西。你的工作是提煉所有收穫並決定下一步該做什麼。

對研究成果進行提煉和優先排序

此時，你可能想知道，「我應該關注哪些問題？我應該跟隨哪些想法？如果發生衝突，我應該聽誰的？」

為了幫助你解決這個問題，讓我們重新檢視我們的老朋友，創新擴散理論。每個給你回饋意見的人——同事、投資者、研究對象、朋友——都

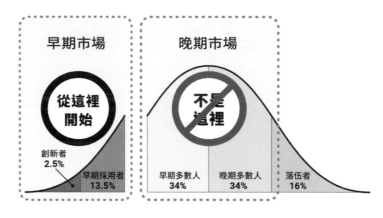

屬於與你的產品相關的 5 個階段使用者中的其中之一。當你將結果排出優先執行順序時，要**專注於你的早期採用者**，那些興奮地使用你所提供的東西的人，他們並會忍受痛苦和不便來獲得它。

忽略屬於早期多數人的那些懷疑論者；不要讓這些人使你偏離軌道。如果你正在做一些創新的事情，你的工作就是找到並取悅你的早期市場，而不是給你的老闆、媽媽、同事或受歡迎的朋友留下深刻印象。

產品策略：我們正在建設什麼

一旦你彙整了你的測試結果，就可以更新你的電梯簡報和最簡可行產品（MVP）畫布來反映你學到的東西了。將這視為一種前後產品策略的「改造」，來更新和改進你的初始假設。

要進行改造，請按照以下四個步驟操作：

1. 更新你對**早期客戶和未滿足需求**的了解。你的假設是否有效？無效？部分正確？記下你學到的內容。

2. 更新你對於**解決方案和價值主張**的想法，和客戶需求連結在一起的那些。你的原創想法運作的如何？你的假設是否有效？

3. 檢查你的**不公平競爭優勢和早期指標**的一致性。解決方案是否符合你的優勢？需要更新指標嗎？

4. 最後，更新你的**關鍵假設**——你創建和測試的那些假設。你將驗證它們或證明它們無效，然後生成新的假設以進行測試。

電梯簡報

我們提供［你的產品概念、精簡表示］

給［你的對象，高需求、核心的客戶］

讓他們可以［解決某個問題、滿足需求、擺脫痛點］

早期客戶	未滿足的需求	我們的解決方案	不公平競爭優勢	關鍵假設
不是你最終的廣大客群，而是你將聯繫、為他們設計、優先銷售給他們的那些人。	為何客戶需要你的產品？產品解決了哪些問題？	你的解決方案是什麼？它如何解決客戶的問題？	你的公司如何才能獨一無二的贏得勝利？	當你打造最簡可行產品時，你會測試哪些高風險的假設？
	價值主張			
	為何客戶會偏好你的產品，而不是競爭者的？是因為哪些地方不一樣，而且具有更高的價值？		**早期指標**	
			你將採取什麼樣的衡量方式，來判斷你早期的原型製作是否成功？	

客戶洞察：我們學到什麼

在第 2 章：草擬產品簡介的一開始，你草擬了最初的研究計畫。現在，你將更新該計畫並總結你的研究過程和主要發現。

研究計畫

人：對象族群［人］和他們擁有的［某些］特徵。

事：用來驗證［假設 1］的早期訪談或測試。

時：離關卡事件［多少］天。

地：［地理位置：線上、面對面，...等］。

原因：調整我們的核心系統，在前進的路上獲得早期回饋。

工作故事　　　工作故事　　　工作故事

客戶引用　　　客戶引用　　　客戶引用

軸轉或堅持原策略：接下來要打造什麼

最後，根據你所學到的內容，你將對你的團隊和利害關係人進行更新，讓他們了解你想要做什麼、以及你下一步要進行的。你打算更堅定的在原定的方向上努力嗎？還是做出一個實質性的改變？

Cindy Alvarez 談向利害關係人溝通

Cindy Alvarez 是《*Lean Customer Development*》的書籍作者，她是微軟開發部門的主要研究人員，她在那裡處理開放式客戶機會並推動內部文化變革。

定性資訊永遠不會是量化的。不要說「87% 的人」──那是把數學的外衣套在定性研究上。

相反的，用一個故事來說明。「這是我們看到的一種模式。我們已經與各行各業的人們進行了交談，他們都有這個問題，而這是我們如何知道他們有這個問題的原因。這裡是我們如何嘗試反駁他們擁有的不是另一個問題。而這有幾個可能解決這個問題的解決方案。」

這是一個故事。它是開放式的。它暗示了一些可操作的東西，但它並沒有訂定數字，因為沒有人喜歡它。故事才是人們會記住的。

規畫你的早期版本（Alpha）測試

答案取決於你是否證明或反駁了你一直在測試的假設。例如，你的答案可能是與你的超級粉絲進行數週的早期版本測試（或其他類型的測試）。如果是這樣，你會想要描繪出你將要招募來參加的人員、你的測試將進行多久、以及你希望學習到的內容。

早期研究計畫

人：對象族群［人］和擁有的［某些］特徵。

事：用來驗證［假設 1、2、3］的［幾］週早期測試。

時：離［關卡事件］［多少］天。

地：［地理位置：線上、面對面，...等］。

原因：獲得有關我們核心系統及功能的早期回饋。

你還需要描繪出你要為此次測試構建的內容，以及你將要測試的假設。你還需要利用這些早期測試來專注在調整學習循環——這些內容我們將在第 12 章中詳細討論。

將研究成果轉化為產品概念

來看看我們對時尚穿搭（*Covet Fashion*）最簡可行產品畫布的「大改造」。我們使用遊戲思維來測試我們的想法，這個想法是關於與現實世界時尚趨勢連結在一起的免付費合作遊戲。我們的假設圍繞著將現實世界的時尚週期與免付費手機遊戲融為一體的前提。時尚達人會渴望玩這種類型的遊戲嗎？我們應該與名流的造型師合作嗎？

什麼是不變的：未滿足的需求、價值主張和解決方案

未滿足的需求是對時尚穿著的嚮往，渴望在現實生活中體驗高端設計師品牌。

價值主張是「Vogue 時尚雜誌的替代品」——不僅是美麗和身臨其境的內容，更能讓你了解時尚潮流的最新動態。我們認為我們現有的核心時尚遊戲客群將是我們的早期客戶。

遊戲開發商 Crowdstar 的不公平競爭優勢在於其豐富的面對面（F2F，Face to Face）操作經驗，以及能精準的找到測試和銷售遊戲的對象。早期指標是根據主觀的反應來評估，資料來自於持續數個月固定進行的每週訪談。

什麼改變了：目標受眾和核心機制

經過測試，我們了解到我們的付費使用者比我們想像中的年紀更大，並且有些玩家不想聽從名流的造型師，而是想自己成為造型師。我們的測試顯示遊戲開發商 Crowdstar 猜對了：受測者喜歡在遊戲中遊玩現實世界的流行時尚。

這個學習／評估／創建的週期在短短幾週內就驗證了我們的解決方案和價值主張，使我們能夠透過有用的調整來更新設計理念。基於這一早期驗證，遊戲開發商 Crowdstar 打出綠色燈號，同意團隊進一步開發遊戲，並且它後來成為這個工作室最熱門的產品。

COVET FASHION™ 測試前 的 MVP 畫布

早期客戶	未滿足的需求	我們的解決方案	不公平競爭優勢	關鍵假設
會玩手機時尚遊戲的 18－30 歲年輕女性。	渴望穿上設計師出品的流行時尚，以及獲得來自名流的造型師的建議。	免費遊玩的合作型遊戲，包含現實世界的時尚內容和最新趨勢。	具有打造免費遊戲的遊戲之經驗。 能找到既有的時尚遊戲玩家。	年輕女性想要一個根據現實中的時尚內容發展出來的手機遊戲。 年輕女性想要一個名流的造型師。
	價值主張 從玩遊戲中跟上時尚流行，而不只是用看的－即 Vogue 時尚雜誌的替代品。		**早期指標** 透過訪談時尚遊戲的重度核心玩家，獲得喜歡／不喜歡的指標。	

COVET FASHION™ 測試後 的 MVP 畫布

早期客戶	未滿足的需求	我們的解決方案	不公平競爭優勢	關鍵假設
會玩手機時尚遊戲的 18－30 歲年輕女性。 新增 30－45 歲：年長一些的女性也喜歡這個遊戲，並花費更多。	渴望穿上設計師出品的流行時尚。 新增：從想要成為造型師的人那裡獲得建議。	免費遊玩的合作型遊戲，包含現實世界的時尚內容和最新趨勢。	具有打造免費遊玩的遊戲之經驗。 能找到既有的時尚遊戲玩家。	年輕女性想要一個根據現實中的時尚內容發展出來的手機遊戲，並會在這個遊戲中花費金錢。 年輕女性想要一個名流的造型師——以及其他正逐漸嶄露頭角的造型師。
	價值主張 從玩遊戲中跟上時尚流行，而不只是用看的——潛在的 Vogue 時尚雜誌的替代品。		**早期指標** 透過訪談時尚遊戲的重度核心玩家，獲得喜歡／不喜歡的指標。	

模式＃1：時尚的瀏覽者

> **當我** 在漫長的整日工作後回到家中
>
> **我想要** 踢掉我的高跟鞋，並看看高級時裝來放鬆一下
>
> **所以我可以** 跟上最新時尚流行的潮流。

產品構想：包含時尚新知的投票遊戲

大約 70％的受測者喜歡透過瀏覽最新的時尚內容及評論，來在一天的工作結束後放鬆一下。我們知道我們需要一些令人放鬆且易於瀏覽的東西。

從我們的研究中，我們知道這些時尚達人認為他們下班後的瀏覽時間是教育性質的，而且他們會喜歡透過有趣和互動的方式來了解最新的時尚。

對於這些時尚渴望者，開發團隊設計了一個不斷變化的時尚消息來源，來展示玩家創造的服裝——加上一個簡單的 2 選 1 遊戲，以產生每個服裝的評分。這個概念提供了時尚達人關心的東西：由最先端的服裝設計師製成的華麗、最新服飾。而且我們是在一個有趣、輕鬆的娛樂系統中提供這一點，玩家在這系統中透過她們的創造力、熱情和天賦來互相娛樂。

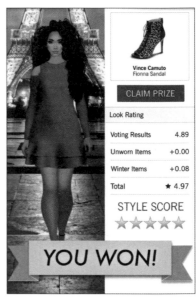

Steve Portigal 談檢視你的世界觀

Steve Portigal 是一位客戶研究領域的世界級專家，同時是《Interviewing Users》一書作者，那是一本有關如何從客戶訪談中獲得最大價值的實用手冊。

「四海一家」（We Are the World）這首歌曲的幕後製作影片展示了那些流行歌星進入工作室的畫面。製作人 Quincy Jones 在門口放了一個牌子寫著「把你的自我放在門外」，因為有很多大人物都要來一起合作。

那就是當我說「把你的世界觀放在門外」時想要表達的意思。如果你要進入別人的環境並與他們坐在一起預約旅遊行程，或者任何他們正在做的活動，不要想到你自己。那會造成妨礙。

對於客戶訪談來說，你需要把自己的世界觀放到一邊，並確保自己已經準備好接納將發生的一切。

模式＃2：共同創造者

我們發現的其中一種遊戲模式是共同創造者，玩家喜歡與好友，通常是親密的朋友或親戚一起試穿、購物和精心打扮。

> **當我** 需要為重要活動打扮時
>
> **我想要** 突襲好友的衣櫃，並得到她對我裝扮的建議
>
> **所以我可以** 讓她幫忙打扮我，也讓我感到有自信。

產品構想：共享衣櫃

在計畫早期，我們考慮過以小組為單位來克服挑戰的合作遊戲，並想出了一些有趣的想法。發現的這個模式給了我們一個更簡單的合作遊戲靈感：共享衣櫃。

就像在現實生活中一樣，如果你們是遊戲中的朋友，你可以突襲你朋友的衣櫥並借用她的東西。這創造了建立朋友網絡的動力，因為它擴大了你的衣櫥，並提高了搭配出優勝裝扮的機會。

這個系統還可以呈現出現實生活中和最好的夥伴「一起穿搭」的動態感受，來增加你的信心和士氣。當你從朋友那裡借一些東西時，她會得到關於你穿著服飾的更新通知，並且可以一起遊玩。

模式＃3：扶手椅造型師

我們發現的另一種常見模式是扶手椅設計師，他對時尚非常痴迷，特別喜歡告訴別人如何打扮。

當我 向別人提出關於時尚穿著的看法

我想要 知道我的意見是有幫助的

所以我可以 覺得有用和重要，因為我在幫助別人。

產品構想：群眾外包的評分系統

這個系統是建立在第一個模式：2 選 1 的服飾評分遊戲的基礎上。這個評分系統收集所有投票，並將服飾的評分結果回饋給創作者。

每個人都以正面的方式獲得回饋意見和風格評分。但有些人，也就是那些獲得最高服飾評分者，會得到遊戲內最好及特別的遊戲內獎勵和獎品，包括免費的虛擬服飾和配件。

這讓扶手椅造型師的夢想成真；一種當坐在家裡（或在工作中休息一下）時，可以分享你對其他人穿著的看法的方式。此外，她可以透過參與比賽來炫耀自己的風格，並為自己的服飾收集投票。

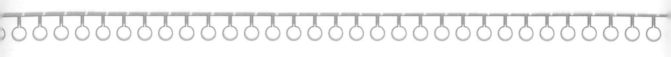

工作表：產品簡介（更新後）

現在輪到你了。根據你的測試結果來更新產品簡介。

更新電梯簡報和 MVP 畫布

檢視你原先的電梯簡報，並根據你在測試中學到的內容來寫出新的版本。

_____
_____
_____
_____

記錄工作故事和客戶引用的配對

總結出你的研究結果，並將工作故事／習慣故事與產生那些故事的客戶引用（或大意）配對在一起來支持你的研究結果。

_____
_____
_____
_____
_____
_____

更新專精旅程

寫出更新後的工作故事，分別寫出發現階段、加入階段、習慣養成階段及專精階段的工作故事。

_____
_____
_____
_____
_____

更新你的核心循環

寫下你對學習循環中的觸發、可重複活動、回饋和進展的修訂想法。

規畫你的早期測試

寫下你的早期版本測試計畫。你將測試哪些假設?

產品驗證的速度阻礙

在驗證產品策略時，請注意這些常見的速度阻礙。

速度阻礙＃１：範疇擴大

留意在計畫裡的自然趨勢，你會自然地擴大範疇（scope）和拓展目標——特別是當你從早期客戶那裡確認了產品想法是可行時。即使在擴大想像的時候，你仍然需要有紀律並專注於快速迭代。

確保你的前導計畫規模小、專注、精簡。要有紀律，明確知道你需要學習到什麼才能繼續前進。

速度阻礙＃２：迷失在細節裡

你的計畫簡介是對可操作的相關資訊的重點摘錄，不是你聽到和學到的每個細節的詳盡列表。太多的文件是模式識別能力貧弱的徵兆，並會使蒐集重要資訊變得更加困難。

要狠下心來。簡化你的資訊，專注在你可以使用的重要內容上。**僅傳遞可執行的有關洞察**。

速度阻礙＃３：偽陰性軸轉

有時，你會發現你心愛的產品概念並不十分引人注目。這是一個真正的負面結果和軸轉（調整策略）的理由。但要注意可能發生偽陰性的情況。追求一個閃亮的新想法要比將回饋意見精心整合到更大的願景中要容易得多。

不要過度反應並重新設計一切。記住你要去的地方。**嘗試應對這些風，而不是完全改變航向**。

第 12 章

規劃產品開發藍圖

靈感通常出現在工作中,而不是工作之前。

Madeleine L' Engle

《A Wrinkle in Time》作者

好的！你做到了。你已經解鎖了許多秘密，它們幫助你從零開始的提升參與度。以下是你所學內容的簡短摘要。

同理一些核心的早期採用者，即你的超級粉絲。

Paul Buchheit 説得最好：**創建只有少數人想要的事物，即使大多數人一開始並不理解它。**

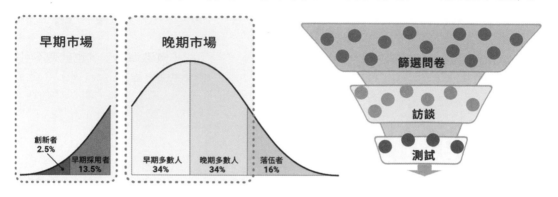

要能接觸到早期大多數人，你首先需要讓你的早期採用者滿意。找到對你正在建構的內容有強烈需求或渴望的人，這些人可以幫助你調整系統並驗證你的想法。**超級粉絲是共同創造者——而不是你的終極目標市場。**

創造一個令人愉悅、可重複的活動，並可以和超級粉絲現有習慣做結合

一旦你同理了超級粉絲，你就可以圍繞著他們的習慣和需求來設計你的最簡可行產品或早期版本。你可以圍繞核心系統來建構一個簡單、引人入勝的學習循環，然後利用你的超級粉絲提供回饋意見，驗證你的想法，並將這些系統打造成真。

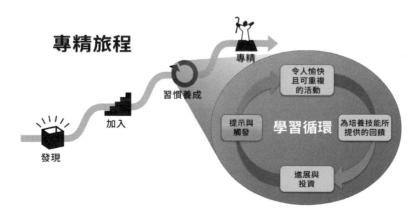

產品領導的遊戲思維

到現在為止，你已經聽過我的一些傷心故事，關於當專注於加入階段（onboarding）卻沒有辦法營造出強烈的習慣時，會發生的不妙情況。當你將想法化為現實時，那樣很容易讓你大量流失使用者，就像一個漏水的水桶。

你可能想知道，「嗯，這聽起來不錯，但我該如何將其轉化為產品管理？我如何知道在開發週期中應該專注在客戶體驗的哪個階段呢？」

吸引人的最簡可行產品或早期版本測試的祕訣是什麼？你不能「煮沸海洋」，也就是不可能一次完整建立起你的產品願景。但你不該在什麼時間點、建立起什麼呢？

利用遊戲思維藍圖來計畫下一步

為了回答這個問題，我們開發了一種叫做遊戲思維藍圖（game thinking road map）的工具。如果你想**從零開始建立參與度**，這個工具可以向你展示應該先專注在哪個階段，貫串從最簡可行產品、到發布、以及更長久之後。

沿著 X 軸，你可以看到客戶邁向專精旅程的 4 個階段——從發現階段到加入階段、習慣養成階段和專精階段。

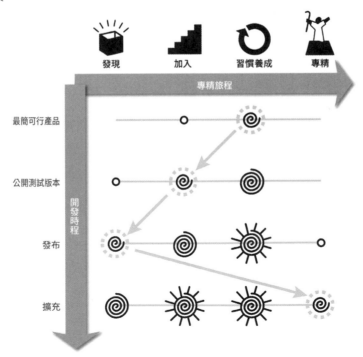

Steve Vassallo 談產品市場契合

Steve Vassallo 是 Foundation Capital 的早期投資者、
《The Way to Design》一書作者。他在史丹佛大學學習了設
計思考，並在 IDEO 擔任產品設計師。

早期階段的新創公司經常談論產品與市場的契合
（product-market fit），就好像它是一個目的地。他們
像在地上敲打旗幟一樣慶祝它。「我們實現了它！
現在讓我們專注於客戶獲取並建立我們的銷售團
隊。」

那樣是搞錯重點了。競爭格局會不斷變化。你的目
標不是達成產品市場契合，而是要在許多產品市場
契合中吻合上固定的節拍點。

產品/市場契合是液體，不是固體。建立你的流
程，以便在設計最初的產品時，你就開始收集回饋
意見來形成下一次迭代。

產品創造者的旅程

沿著 Y 軸，你可以看到我們作為產品創造者的旅程各階段。它開始於最簡可行產品、原型或第一個可執行的東西，並繼續通過早期版本（alpha）、公開測試版本（beta）、發布和擴充——因為現在並沒有產品在發布時就已經真正完成了。

作為產品創造者和管理者，我們的旅程從一開始的想法延續到產品發布。如果你想要建立引人入勝的產品體驗，請模仿打造出熱門產品團隊的作法，並使用這個藍圖來指引你的方向。

從迭代和調校你的學習循環開始

最簡可行產品的目的是測試高風險假設並了解你的早期市場。如你所知，**最簡可行產品是液體，不是固體。**

你越早開始，你就會越往前走，並可以進行更多的創建－評估－學習週期的迭代。

不要想從打造華而不實的加入階段體驗來發展你的計畫。根據定義，早期採用者會很願意使用你的產品，不需要你對他們花費太大力氣。

在這個階段最重要的是找到可以讓人們定期回來的「鉤子」，即使它是以初期的形態出現的。

為了從早期測試的會談中學到最多東西，請和搖滾樂團、模擬市民、時尚穿搭、Happify 和 Pley 這些產品開發團隊做一樣的事情：從迭代和完善你的核心學習循環開始進行開發。

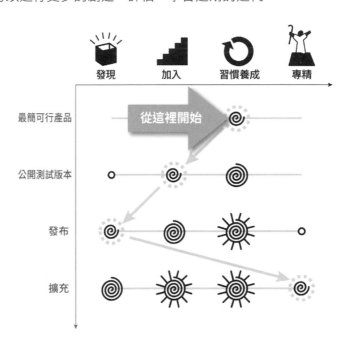

隨著產品的成長和規模化，優化加入階段體驗

一旦你開發出一個強大的學習循環，你就有了一個良好的開端並有了成長和擴展的基礎。要做到這一點，你需要某種型態的加入和發現階段體驗。但那該是什麼樣子的呢？

當你開始擴展時，從簡單的低擬真性實驗開始，你可以從中學習並快速迭代——因為在那個時刻，學習是你的主要目標。為了進一步發展，你需要設計一個有效的加入階段系統，這將使你能夠擴展到擁有較少「圈內人」、但更廣大的受眾。

當你建構並運行你的測試版本（非公開和/或公開）時，你將需要進一步開發、測試和調整你的加入階段運作機制。

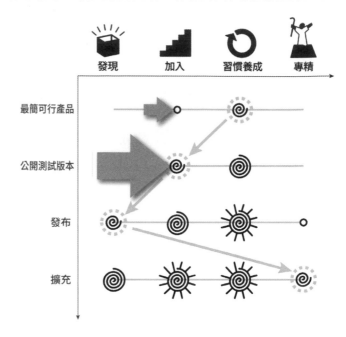

在產品發布時優化發現階段

在這個成長期，你還將透過推廣、廣告和口耳相傳來發展合適的發現階段內容。

此時，你正在進行高效學習的發現階段實驗，並為吸引到合適的客戶這個目的來調整你使用的方法。

當你準備好發布產品時，所有這些發現階段實驗會讓你得到回報並讓成果進入前台，你將利用你所獲得的知識來製作一個引人注目的發現階段訊息，以便傳達給適合的對象並幫助他們發現你的產品。

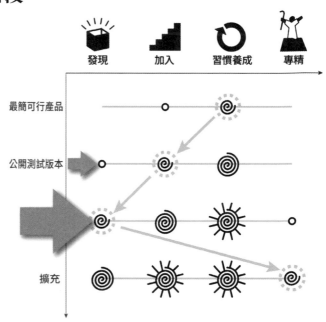

與專家共同開發你的專精系統

專精階段所扮演的作用是經常被誤解的部分，也讓它成為一個難解的謎題。是什麼讓你的產品吸引人邁向專精？你的客戶建立了什麼技能？有進步時如何被傳達和慶祝？你的系統如何透過比較、戰鬥和競賽實現社交互動？或者聯合起來實現共同目標？

如果你正在建構遊戲，那麼技能和專精必定會融入你的開發過程中。如果你渴望建立一個類似遊戲的系統，首先要界定出你的玩家將專精的技能。問問自己：我們最熟練和最有熱情的玩家能做出什麼貢獻？他們可以獲得哪些更強的角色或力量來做為熱情投入的獎勵？

從專家們的習慣和欲望中尋找線索，專家就是那些已經精通了你的系統、並且渴望更深入的那些人。你的目標是創造出能夠充分運用你最熱情玩家的深層需求和動機的系統。

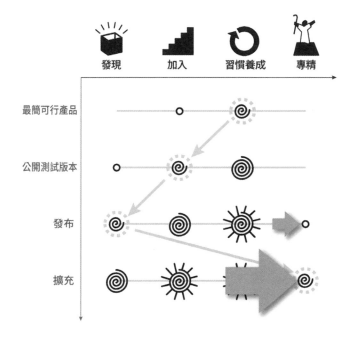

Erin Hoffman-John 談改變教育

Erin Hoffman-John 是一位遊戲設計師及奇幻小說家，對
社會行動和有目的的計畫充滿熱情。她是獨立遊戲工作室
Sense of Wonder 的創辦人和執行長。

在美國，教育是一個工廠系統。由一位老師站在教
室前面和孩子們說話。老師的角色是監護人。學校
把盡可能多的孩子放到教室裡。注意力集中在系統
本身，而不是個人學習者身上。

遊戲則是一對一的。所有的注意力都集中在個人身
上。遊戲可以比玩家領先一步，並提供某個東西來
回應玩家正在做的事情。一個遊戲可以說：「嘿，
你一直在做這一系列動作。那麼這個另一個動作只
是恰好在你的舒適區之外，但可能會讓你更進一
步，想試試看嗎？」

遊戲有巨大、未開發的潛力可以改變我們學習的方
式。

工作表：產品開發藍圖

現在輪到你了。透過以下問題來想像你的產品會如何誕生、並透過發布和擴展階段且持續發展。

在早期（Alpha）版本調校你的學習循環

想像你會如何持續迭代和調整你的核心學習循環。

在公開測試（Beta）版本優化加入階段體驗

想像一下如何建立一個有效的加入階段系統，這將使你能夠擴展到擁有較少「圈內人」、但更廣大的受眾。

在產品發布時優化發現階段

想像一下新客戶將如何初次了解並對你的產品產生興趣。

與專家共同開發你的專精系統

想像一下你的客戶在專精了你的系統之後,會如何繼續參與其中。有什麼能激勵你的專家?
他們的參與可以怎樣讓擁有較少經驗的客戶也受益?

產品開發藍圖的速度阻礙

在規劃產品開發藍圖時,請注意這些常見的速度阻礙。

速度阻礙＃１:對迭代實驗的支持率低

老實說:這些都是尖端技術,需要有意願來面對快速失敗、快速學習、並且進行有時會挺混亂的實驗。如果你所在的組織習慣於瀑布式開發及建構以產品為中心的最簡可行產品,那麼你將受到阻力。

讓你的同事儘早成為同一陣線。向他們介紹精實和客戶探索所具有的優勢,並讓他們加入你。如果事情進行順利,他們甚至可能成為這些方法的推廣者。

速度阻礙＃２:過度設計專精系統

我們很容易一頭栽進設計專精和進展的系統。我已經算不清我到底這樣做過多少次了。它是遊戲設計中最引人入勝、最令人滿意的部分之一。但是如果你太早地專注於這些系統,你很可能最終會完成一個操作感很重的體驗而缺乏一個堅實的吸引參與基礎。

訓練自己**專注於優先調校學習循環**。一旦到位,你可以透過超級粉絲的協助來設計和測試你的進展系統。

速度阻礙＃３:聽從解決方案,而不是問題本身

要小心,在不了解客戶想法背後真正的問題所在之前,就採用了客戶提出的建議。有時,客戶提出了很好的想法,但他們不是設計師,他們經常會要求以不是最佳的方式來解決問題。

相反的,**傾聽解決方案背後潛藏的問題和需求。**當你了解之後,你所做的應該是評估他們的想法、考慮多種解決方案,並且設計最適合你的情境及既有系統的解決方案。

動起來

恭喜！你已經經歷了完整的循環。一開始，我們探討了開發熱門遊戲背後團隊的共通點。現在你知道這些成功的企業家使用迭代、以使用者為中心的設計流程，這個流程圍繞著聰明、專注的實驗來進行。當然你也可以做到。

遊戲思維的五個步驟為你提供了一個創新工具包，用於模仿成功者並打造出引人注目的產品。

當你開始使用這些工具時，請記住一些基本原則：

- 首先，**找到並利用**你的超級粉絲，然後從這個基礎來進行擴展。

- 由打造學習循環開始，從內到外的**建構和測試**你所營造的體驗。

- **持續修補、打造原型**，並假設你的第一個想法有可能是錯誤的。

不要害怕在邁向遊戲思維的專精之路上犯錯。最好的遊戲和產品設計師都知道，邁向下一個突破性熱門產品的方法是進行實驗、犯錯並持續迭代，透過這樣來走向成功。慶祝你了解到有哪些想法是錯誤的，就像你慶祝正確的想法時一樣。

做到這一點，你將順利通過那些拖累了許多企業家難以前進的盲點。

現在往那裡去並進行創新吧。為了你的成功！

在那之前，這邊還有更多值得你看看的。

 拜訪 **gamethinking.io/superfans**，
來獲得特別的驚喜。

詞彙表

Agile（敏捷）：特點是將任務切分成短期工作，頻繁的重新評估和調整計劃。在某些環境中，敏捷方法可以透過頻繁的重新設計來取代高層次設計（high-level design）。

Alpha（早期版本）：不完整但具有功能性的產品版本，已包含產品核心體驗。

Beta（公開測試版本）：功能完整的產品版本，仍然需要調整和修復錯誤。

Business model canvas（商業模式畫布／商業模式圖）：只有一頁的工具，幫助釐清商業中的核心要素。

Design thinking（設計思考）：一種產品創建方法，根基於同理使用者、迭代原型設計（iterative prototyping），以及在設計過程中交替在擴展和收斂之間。

Design sprints（設計衝刺）：為期五天的小組實作，快速經歷設計思考的五個步驟。

Experience design（體驗設計）：一種設計方法，著重於客戶在接觸產品過程中感受到的體驗，例如：當客戶使用你的產品、玩你的遊戲、參加你的活動…。

Experience prototype（體驗原型）：粗略模擬客戶在接觸產品過程中的體驗變化，例如場景、原型或互動式模型。

First playable（第一個可執行的）：遊戲的第一個（通常是粗糙的）可執行版本。

Game design（遊戲設計）：有關創造出數位、物理和社交遊戲的藝術和科學，會涉及到設計規則、系統、使用者體驗、視覺效果、聲音、寫作等等面向。

Game thinking（遊戲思維）：設計迷人產品的方法，將遊戲設計、精實／敏捷方法、設計思考和系統性思考都融合到設計系統中。

Habit story（習慣故事）：屬於一種特定類型的工作故事，圍繞著相關習慣和未滿足的需求所建立。

Job story（工作故事）：由客戶的視角所講述的故事，其中包含 3 個部分，記錄了客戶的動機、所在情境和情感。

Lean startup（精實創業）：一種迭代的、以實驗為導向的產品開發方法，其核心是透過高效學習的實驗來驗證高風險的假設。

Lean UX（精實使用者體驗）：一種體驗設計的方法，融入了精實／敏捷（Lean / Agile）的方法，如衝刺（sprint）、最簡可行產品（MVP）和迭代實驗，以創造出精心設計的產品體驗。

Learning loop（學習循環）：一個愉快的活動循環，幫助你的客戶在他們關心的事情上變得更好。

Mastery path（專精旅程）：當你的客戶在某件事情上變得更好時，會解鎖出新內容的體驗設計方式。

MVP（最簡可行產品）：最簡可行產品，即最簡單可以建構出的東西、它可以讓你最大限度地提高學習效果。根據具體情況，你可以將你的早期版本、公開測試版本或甚至首次發布的產品視為最簡可行產品。你的定義取決於你正在進行的實驗。

MVP canvas（最簡可行產品畫布）：一種策略規劃工具，用於構建合適的最簡可行產品並吸引顧客參與。

Playtest（實際測試／遊戲測試）：潛在客戶以某種形式體驗你的產品並提供回饋意見的測試方法。

Problem space（問題空間）：客戶在了解你的產品之前所處的地方——他們的儀式、習慣、需求、願望和挫折。

Product experience（產品體驗）：你的產品隨著時間推移所提供的體驗（與產品本身相比）。

Product design（產品設計）：要將產品實現所關連到的設計各個層面——使用者體驗、視覺效果、功能、系統、調整計劃等。

Prototype（原型）：產品的早期、粗略的版本，是為了獲得回饋所設計的。

Scenario walk-through（場景演示）：以視覺效果來呈現（影片、投影片、互動式模型），可以顯示你的產品在日常生活中被使用的情形及變化。

Solution space（解法空間）：在客戶的需求和習慣之外，你的產品所處的地方。你的解決方案可能（或可能不行）解決客戶的問題和／或滿足他們的願望。

Speed interviews（快速訪談）：十分鐘的問題空間篩選訪談，可以獲得對客戶的洞察（深入準確的理解）並幫助你識別出核心超級粉絲。

Superfans（超級粉絲）：對你的解決方案具有高需求、對你而言也具有高度價值的早期採用者，可以幫助你將想法變為現實。

Superfan screener（超級粉絲篩選問卷）：一種具有六個問題的問卷調查方法，旨在吸引和識別高需求、高價值的早期採用者，也就是你的超級粉絲。

Systems thinking（系統性思考）：一種視覺化和建立模型系統的方法，其中各部分相互關聯且相互影響。

Wireframes（線框圖）：專門呈現以螢幕為基礎之產品的設計草稿，呈現了基本的排版和功能。

參考資料

有關參考資料的鏈結及其他資源，請拜訪本書的配套網站：
gamethinking.io/booknotes

Alvarez, Cindy. *Lean Customer Development: Building Products Your Customers Will Buy*. "The term 'lean' originally comes from manufacturing. It stresses eliminating waste from processes and making sure the end product is something that the customer wants."

Buchheit, Paul. *Blog Post* from July 30, 2014. "Build something a few people love, even if most people don't get it right away."

Bartle, Richard. *Hearts, Clubs, Diamonds, Spades: Players Who Suit MUDs*. "Achievers are Diamonds (they're always seeking treasure); explorers are Spades (they dig around for information); socialisers are Hearts (they empathise with other players); killers are Clubs (they hit people with them)."

Christensen, Clayton. *The Innovator's Dilemma: When New Technologies Cause Great Firms to Fail*. Harvard Business Review Press, 2015. "There are times at which it is right *not* to listen to customers, right to invest in developing lower-performance products that promise lower margins, and right to aggressively pursue small, rather than substantial, markets."

Collins, Jim. *Good to Great: Why Some Companies Make the Leap...and Others Don't*. Harper Business, 2001. "All good to great companies have leaders with ferocious resolve, and almost stoic determination to do whatever needs to be done to make the company great."

Cook, Dan. *Loops and Arcs*. lostgarden.com blog post, 2012. "Since both loops and arcs can be easily nested and connected to one another, in practice you end up with chemistry-like mixtures of the two that can get a bit messy to tease apart. The simplest method of analysis is to ask What repeats and what does not?"

Cook, Dan. *Rockets, Cars and Gardens: Visualizing Waterfall, Agile and Stage Gate*. lostgarden.com blog post, 2006. "A team that learns the quirks of its customers, code, and business rapidly will often out perform teams operating without this knowledge."

Cooper, Robert. *Winning at New Products: Creating Value Through Innovation*. "Stage-Gate® has become the most widely used method for conceiving, developing, and launching new products in industry today... I hope this 5th edition sounds a wake-up call that true innovation and bold product development are with your grasp."

Csikszentmihalyi, Mihaly. *Flow: The Psychology of Optimal Experience*. Harper Perennial Modern Classics, 2008. "Most enjoyable activities are not natural; they demand an effort that initially one is reluctant to make. But once the interaction starts to provide feedback to the person's skills, it usually begins to be intrinsically rewarding."

Drucker, Peter. *The Effective Executive: The Definitive Guide to Getting the Right Things Done.* Harper Business Essentials, 2006. "Management is largely by example. Managers who can't manage themselves set the wrong example."

Fullerton, Tracy. *Game Design Workshop.* A K Peters, 2014. "The exercises contained in this book require no programming expertise or visual art skills and so release you from the intricacies of digital game production while allowing to you to learn what works and what does not work in your game system. Additionally, these exercises will teach you the most important skill in the game design: the process of prototyping, playtesting, and revising your system based on player feedback."

Hall, Erika. *Just Enough Research.* A Book Apart, 2013. "'Early adopters will put up with cost, ridicule, and friction to get their needs met."

Hall, Erika. *Conversational Design.* A Book Apart, 2018. "How do we make digital systems feel less robotic and more real? Whether you work with interface of visual design, front-end technology, or content design, learn why conversation is the best model for creating device-independent, human-centered systems."

Hoffman, Reid. *mastersofscale.com.* Podcast and web site. "It's more important to have 100 people who LOVE your product than one million who just sort of like it."

Hoffman-John, Erin (Contributor) and Robert J. Mislevy (Author), and contributors Andreas Oranje, Malcolm I. Bauer, Alina von Davier, Jiangang Hao, Seth Corrigan, Kristen DiCerbo, Michael John. *Psychometric Considerations in Game-Based Assessment.* CreateSpace, 2014. "Applying psychometric concepts to game-based assessment is not simply a matter of applying psychometric methods after-the-fact to games that have been optimized for learning and engagement, then 'figuring out how to score them.' A better design process jointly addresses the concerns of game design, instructional design, and assessment as required, so that key considerations of each perspective are taken into account from the beginning. This integrated approach encourages designers to recognized trade-offs that cut across design domains and devise solutions that balance concerns across them."

Hulick, Sam. *UserOnboard.com.* "I'm usually highly reluctant to give out my email address, but in this case it's so refreshing to not have to enter a credit card that it's actually a relief to 'only' have to enter my email address."

Isbister, Katherine. *How Games Move Us: Emotion by Design (Playful Thinking).* The MIT Press, 2016. "People who aren't on the inside of the game world often tell me they fear that games numb players to other people, stifling empathy and creating a generation of isolated, antisocial loners. In these pages, I argue that the reverse is true."

Klein, Laura. *Build Better Products: A Modern Approach to Building Successful User-Centered Products.* Rosenfeld Media, 2016. "Better products improve the lives of the people who use them in a way that also improves the company that produces them. In other words, better products make companies more money by making their customers more satisfied."

Kelley, Tom. *The Art of Innovation: Lessons in Creativity from IDEO, America's Leading Design Firm*. Crown Business, 2001. "Fail often to succeed sooner."

Kim, Amy Jo. *Community Building on the Web: Secret Strategies for Successful Online Communities*. Peachpit Press, 2006. "Initially, it's up to you to define your purpose, choose your feature set, and set a particular tone, but as your community grows and matures, your members can and should play a progressively larger role in building and maintaining the community culture."

Kohn, Alfie. *Punished by Rewards: The Trouble with Gold Stars, Incentive Plans, A's, Praise, and Other Bribes*. Houghton Mifflin, 1999. "In fact, the more we use artificial inducements to motivate people, the more they lose interest in what we're bribing them to do. Rewards turn play into work, and work into drudgery."

Koster, Raph. *A Theory of Fun*. O'Reilly Media, 2013. "Fun is just another word for learning."

McCloud, Scott. *Understanding Comics: The Invisible Art*. William Morrow, 1994. "When we abstract an image through cartooning, we're not so much eliminating details as we are focusing on specific details. By stripping down an image to its essential 'meaning,' an artist can amplify that meaning in a way that realistic art can't."

Moore, Geoffrey. *Crossing the Chasm*. Harper Business, 2014. "Entering the mainstream market is an act of burglary, of breaking and entering, of deception, often even of stealth."

Nielsen, Jakob. *Paper Prototyping Training Video*. Nielsen Norman Group. "Convince skeptical members of your team who do not believe that it is possible to test unpolished designs; showing beats telling."

Olsen, Dan. *The Lean Product Playbook: How to Innovate with Minimum Viable Products and Rapid Customer Feedback*. Wiley, 2015. "While the first 'prototype' you test *could* be your live product, you can gain faster learning with fewer resources by testing your hypotheses *before* you build your product."

Osterwalder, Alexander and Yves Pigneur. *Business Model Generation: A Handbook for Visionaries, Game Changers, and Challengers*. Wiley, 2010. "Business Model Generation is a practical, inspiring handbook for anyone striving to improve a business model—or craft a new one."

Pink, Daniel. *Drive: The Surprising Truth About What Motivates Us*. Riverhead Books, 2011. "Control leads to compliance; autonomy leads to engagement."

Portigal, Steve. *Interviewing Users: How to Uncover Compelling Insights*. Rosenfeld Media, 2013. "Great interviewers make deliberate, specific choices about what to say, when to say it, how to say it, and when to say nothing."

Ries, Erik. T*he Lean Startup: How Today's Entrepreneurs Use Continuous Innovation to Create Radically Successful Businesses*. Random House, 2011. "To increase your chances of success, minimize your time through the build-measure-learn cycle."

Rogers, Everett. *Diffusion of Innovations*. Free Press, 2003. "Diffusion is essentially a social process through which people talking to people spread an innovation."

Ryan, Richard M. and Edward L. Deci. *Self-Determination Theory: Basic Psychological Needs in Motivation, Development, and Wellness*. The Guilford Press, 2017. "That most people show considerable effort, agency, and commitment in their lives appears, in fact, to be more normative than exceptional, suggesting some very positive and persistent features of human nature."

Schell, Jesse. *Art of Game Design: A Book of Lenses*. CRC Press, 2008. "Good game design happens when you view your game from as many perspectives as possible."

Sellers, Mike. *Advanced Game Design: A Systems Approach*. Addison-Wesley Professional, 2017. "Games seem to me to be unique in their ability to allow us to create and interact with systems, to really get to know what systems are and how they operate."

Sierra, Kathy. *Upgrade your users, not just your product*. Blog Post, 2005. "To the brain, learning new things is inherently pleasurable. So if markets are conversations, why not use the conversation to help someone learn?"

Traynor, Des, Paul Adams, Geoffrey Keating. *Intercom on Jobs-to-be-Done*. Intercom, 2016. "When you're solving needs that already exist, you don't need to convince people they need your product."

Vassallo, Steve. *The Way to Design*. Foundation Capital, 2017. "Systems thinking is a mindset—a way of seeing and talking about reality that recognizes the interrelatedness of things. Systems thinking sees collections of interdependent components as a set of relationships and consequences that are at least as important as the individual components themselves. It emphasizes the emergent properties of the whole that neither arise directly, nor are predictable, from the properties of the parts."

Wodtke, Christina. *Pencil Me In: The Business Drawing Book for People Who Can't Draw*. Boxes & Arrows, 2017. "Where are the simple books on how to draw for grown-ups? Most books that teach drawing are intimidating. They teach you how to draw buildings or race cars or realistic people, but that's not what non-designers need to draw every day. I decided to make a book for working professionals that wouldn't scare anyone away and would teach you how to draw the kinds of things you need to think through product and business decisions."

Wodtke, Christina. *Radical Focus: Achieving Your Most Important Goals with Objectives and Key Results*. Cucina Media, 2016. "One: set inspiring and measurable goals. Two: make sure you and your team are always making progress toward that desired end state. No matter how many other things are on your plate. And three: set a cadence that makes sure the group both remembers what they are trying to accomplish and holds each other accountable."

Zimmerman, Eric and Katie Salen Tekinbas. *Rules of Play: Game Design Fundamentals*. MIT Press, 2003. "We look closely at games as designed systems, discovering patterns within their complexity that bring the challenges of games design into full view."

索引

V

W

Y

Z

關於作者

Amy Jo Kim 被財富雜誌評為遊戲界前十大最有影響力的女性之一，她是社交遊戲設計師、社群架構師和創業教練。她的設計作品包括 *Rock Band*、*The Sims*、eBay、Netflix、*Covet Fashion*、nytimes.com、Ultima Online、Happify 和 Pley。她開創了將遊戲設計應用於數位服務的理念，並以她的書《*Community Building on the Web*》（Peachpit，2000）而聞名。她擁有華盛頓大學行為神經科學博士學位和實驗心理學學士學位。Amy Jo 熱衷於幫助企業家更快更聰明地進行創新；她在史丹佛大學教授遊戲思維，並且是南加州大學電影藝術學院遊戲設計的兼職教授。

關於插畫者

Scott Kim 是世界知名的平面設計師、謎題設計師、雙向圖藝術家和數學教育家。他為史丹福大學的設計思考計畫開發教材,並替 ABCmouse.com 設計教育遊戲。他的謎題出現在俄羅斯方塊和寶石方塊等遊戲中,科學美國人和發現等雜誌內,以及像 *The Little Book of Big Mind Benders* 與 *The Playful Brain* 等書籍中。他於 1981 年撰寫了第一本關於雙向圖的書 *Inversions*。他擁有電腦和平面設計博士學位,以及史丹福大學的音樂學士學位。他現在設計教育數學遊戲。

遊戲思維｜像熱門遊戲的設計開發一樣，讓玩家深度參與你的產品創新

作　　者：Amy Jo Kim PhD
譯　　者：孫豪廷
企劃編輯：蔡彤孟
文字編輯：王雅雯
設計裝幀：張寶莉
發 行 人：廖文良

發 行 所：碁峰資訊股份有限公司
地　　址：台北市南港區三重路 66 號 7 樓之 6
電　　話：(02)2788-2408
傳　　真：(02)8192-4433
網　　站：www.gotop.com.tw
書　　號：ACL054500
版　　次：2019 年 03 月初版
建議售價：NT$450

國家圖書館出版品預行編目資料

　遊戲思維：像熱門遊戲的設計開發一樣，讓玩家深度參與你的產品
　　創新 ／Amy Jo Kim PhD 原著；孫豪廷譯. -- 初版. -- 臺北市：碁
　峰資訊, 2019.03
　　　面；　公分
　　譯自：Game Thinking
　　ISBN 978-986-502-078-1(平裝)
　　1.產品設計　2.工業設計
496.1　　　　　　　　　　　　　　　　　　　108003655

讀者服務

● 感謝您購買碁峰圖書，如果您
　對本書的內容或表達上有不清
　楚的地方或其他建議，請至碁
　峰網站：「聯絡我們」\「圖書問
　題」留下您所購買之書籍及問
　題。(請註明購買書籍之書號及
　書名，以及問題頁數，以便能
　儘快為您處理)
　http://www.gotop.com.tw

● 售後服務僅限書籍本身內容，
　若是軟、硬體問題，請您直接
　與軟體廠商聯絡。

● 若於購買書籍後發現有破損、
　缺頁、裝訂錯誤之問題，請直
　接將書寄回更換，並註明您的
　姓名、連絡電話及地址，將有
　專人與您連絡補寄商品。